富有的密码

The Code of Wealth

陈向东　著

为什么我们的思维决定了我们的高度

Why does Our Mindset Determine Our Level

北京出版集团
北京出版社

图书在版编目（CIP）数据

富有的密码：为什么我们的思维决定了我们的高度 / 陈向东著 .-- 北京：北京出版社，2024.4

ISBN 978-7-200-18662-8

I. ①富 … II . ①陈 … III . ①思维形式 - 通俗读物 IV . ① B804-49

中国国家版本馆 CIP 数据核字（2024）第 092860 号

富有的密码：为什么我们的思维决定了我们的高度

陈向东 著

*

北京出版集团
北 京 出 版 社 出版

（北京北三环中路 6 号）

邮政编码：100120

网址：www.bph.com.cn

京版北教文化传媒股份有限公司总发行

全国各地书店经销

天津联城印刷有限公司印刷

*

880 mm ×1240 mm 32 开本 6.75 印张 152 千字

2024 年 4 月第 1 版 2024 年 5 月第 1 次印刷

ISBN 978-7-200-18662-8

定价：69.00 元

前言

通往富有之路

每个人在定义自己的人生目标时，都希望这一生是幸福的；对幸福进行具体定义时，可能会确切到希望这一生是富有的。

说到富有，有人认为是拥有金钱、权力、地位等，常常把它和物质紧密相连。这也是许多人所理解的富有，这种富有还被视为成功的标志之一，我们可以叫它“物质富有”。但有些人物质富有了，精神却不富有。精神富有的人通常具有强大的精神力量，能够面对生活的挑战和困难，保持积极的心态和情绪。精神富有不一定和物质富有相关，重要的是精神富有能给人带来内心的满足感、幸福感和从容感。

实际上，这两种富有并不是孤立的，或者说，不是非此即彼的。物质富有可以为精神富有提供基础和保障，而精神富有可以赋予物质富有更厚重的意义和价值。沃伦·巴菲特说：“衡量一个人成功的标准不是他拥有多少财富，而是他的人生如何影响他人。”

毫无疑问，大部分人会把富有当作人生的一种追求，并且身边也会有一些富有的榜样。我们渴望成为那样的人，拥有那样的状态。如果榜样是富有的，我相信他们的富有是有密码的。我们只有学习并掌握了那些密码，才能够真正走向富有。比如冰山理论，我们往往看到的只是冰山之上的一部分，即行为，却没有看到冰山之下的内在世界，即一个人的认知或者一个人的思维模式。

大部分人因为害怕事情的结果无法估量而感到恐惧，有智慧的人则是对产生这种结果的一切念头感到恐惧，因此他们会从最本源的念头开始净化和提升。有一本畅销书叫《秘密》，其作者朗达·拜恩说，能够帮助人们实现财务自由和富足生活的秘密，就是拥有一种积极的思维和行动模式。还有瑞·达利欧的《原则》，他写了 21 条高原则、139 条中原则和 365 条分原则，这些原则探讨如何建立一套有效的决策系统来应对复杂的金融市场。这些原则也是富有的密码。

我们想实现富有，就需要找到它的因，找到它的内在，找到它在冰山之下的东西，找到它的规律，而这个规律性的东西就是密码。站在当下，我们正在进入前所未有的富有时代，这一切似乎势不可当。我们为这一切拍手叫好之前，更重要的是问问自己：是否已经找到了使自己富有的密码？是否已经掌握了使自己富有的方法？

很多人非常努力，但就是取得不了想要的成功。很多人能力超群，但就是到不了自己想去的远方。很多人不仅非常努力，而且能力超群，但仍然不能实现自己的理想和抱负。究其原因，我想是他们的思维模式出了问题。要解决思维上的问题，就要弄清楚：你是积极的，还是消极的；你是主动的，还是被动的；你是乐观的，还是悲观的；你是求真的，还是唯上的；你是反求诸己的，还是怨天尤人的……

我们经常说，方向错了，停止就是进步。

我们经常说，人和人差距最小的是坚持，差距最大的是认知。

我们经常说，差之毫厘，谬以千里。

我们经常说，思路决定出路。

我们经常说，要有脑子，要动脑子。

创办高途教育科技集团快 10 年了，我被问了上千次这样的问题：“陈老师，我如何才能成为您？如何才能像您一样富有？”我经常回答，我是从思维模式开始训练，当你拥有和我一样的思维模式时，时时刻刻谦逊、谦卑、好学、精进、求真、至善、为美，终有一天，你们会成为我，甚至远远超过我。我认为，知真思维模式就是富有的密码，它告诉我们怎样能够找到事物的本质，怎样能够永远为真，怎样能够实事求是，怎样能够保持初心，怎样能够不断地进行自我批判，怎样能够不断地刷新底层思维……所有这些能力的背后，就是在知真思维的指引下，我们能够抓住事物的本质，抓住事物的规律，抓住事物的内在。

到了我这个年纪，我特别愿意将我的认知、思考和底层思维“唠叨”给身边的小伙伴们。2023 年年末，我有机会和高途的一些优秀小伙伴们进行对话，对话的主题基本围绕着思维模式中的因、内在、本质、规律和尝试展开。我一直坚信，这些才是真正的财富，这些才是真正的富有的密码。

陈向东

2024 年 1 月于北京中关村软件园

目　录

第一章　知真思维模式

我有两年没有去美国了，当真的决定去美国时，心里还是有许多的不踏实：一是临近年末有很多的事情，我不在公司，担心一些工作会受到影响。二是美国的大环境不太好。我尽管采取了一些措施，但还是有一些担心。三是我给自己规划了几件重要的事情，由于时差等原因，担心会完成不好。

到了首都机场，我看到不同于往常的场景：没有了往常的人流，没有了往常的喧嚣，没有了往常的热闹，我的心情还是蛮复杂的。出发前，我精心挑选了22本书，飞机刚一起飞，我就迫不及待地开始阅读，一种非常美妙的心境就此展开，一种非常愉悦的心流开始激荡。

刹那间，一片恢宏的空间出现在我的眼前，“一叶障目”“只见树木，不见森林”“坐井观天”“鼠目寸光”“浅尝辄止”“掩耳盗铃”“独断专行”“刚愎自用”“欺上瞒下”“好了伤疤忘了疼”“不长记性”“没有成长，只会变老”“排兵布阵”“旌旗招展”“摇旗呐喊”等词语一下子在我脑海里涌现。我赶紧拿出笔，颇有些紧张地在正在读的一本书的空白处，写下了我认为的关于认知、关于知识和关于心智的几个关键词。

—— 题记

人和人之间最大的差异是什么？毫无疑问，是认知。如果拥有了真正的认知，我想我们应该是会采取行动的，应该是会通过行动来实现认知、升华认知的。那么我们应该怎样做才会有更好的认知？我们拥有正确认知的底层思维是什么？如果我们的认知是冰山之上的部分，那么在冰山之下的部分应该是什么？我想应该是知真思维模式和基于知真思维模式之上的正向飞轮效应。

知真是一个人认知的最高境界，更是一个人认知的最高升华。知真思维模式是认知修炼的底层逻辑，是认知训练的逻辑范式，是认知养成的系统思考。

知真思维模式包括如下八个步骤：

一、问题捕捉（Problem Catch）

二、真问题（Real Problem）

三、深度思考（Deep Thinking）

四、多样化沟通（Diversified Communication）

五、高质量决策（High Quality Decision Making）

六、高效执行（Efficient Execution）

七、回顾内省（Retrospection and Introspection）

八、自我刷新（Refreshed Yourself）

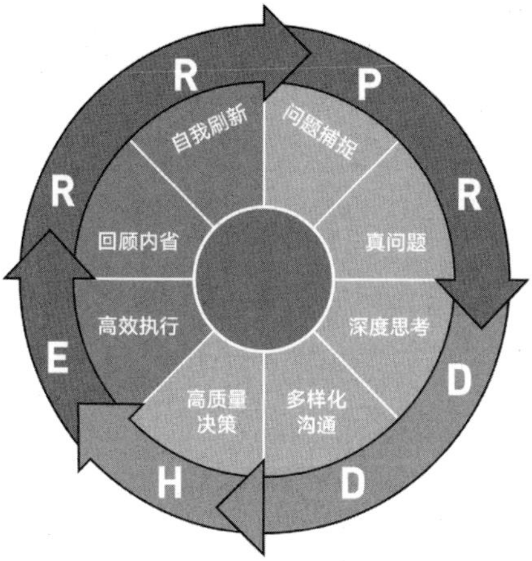

图 1　知真思维模式

一、问题捕捉

一个组织存在的重要目的就是发现并满足客户的需求。一个组织对抗熵增的本质思考就要解决两个根本的问题：一是有没有发现客户的需求；二是有没有满足客户的需求。

一个人存在的重要目的就是让世界因为你而有所不同，从而认知你自己。让世界有所不同就要解决两个根本的问题：一是有没有发现适合自己的问题；二是有没有能力解决好这些问题。

无论是一个组织还是一个个体，都需要从问题出发，都需要从问题的捕捉出发，都需要从问题的现场出发。

优秀的领导者都懂得，组织中总是会有这样或那样的问题，而领导者的职责就是从根本上解决问题，从而为组织创造更好的业绩；他们需要持续督促自我和他人对业务做出深刻理解；他们需要持续警醒自我和团队，深入反思和敢于自我批判；他们需要同时做好两件看似矛盾的事情；他们需要严谨而好奇的知真思维规范；他们需要具有严谨的知真思维方式，并能够在组织内部高效复制。

知真思维模式的第一步就是要对客户的需求有强大的好奇心，要有抓住任何感觉不对的瞬间的超强敏锐力，要有直面问题、不逃避问题的勇气和舍我其谁的担责力。知真思维模式要求我们能够觉察到别人没有觉察到的问题，尤其是客户需求有没有得到关注，客户需求有没有得到交付，客户需求有没有得到满足。

请记住！

自问：怎样做好管理工作？

自答：能够真正解决问题。

问题就是机会，

问题就是财富，

问题就是差距，

问题就是现场，

问题就是方案。

二、真问题

我们都能发现问题，但更为重要的是发现好问题，发现问题背后的问题，发现表象问题背后的根本问题（根问题），发现表象问题背后的根本原因（根原因或根因），发现真正的问题（真问题），即使用第一性原理发现最本质的问题。简而言之，就是发现众多问题之中的真问题。

丰田生产方式的创始人大野耐一在他所著的关于丰田公司生产体制的书中引述了“问5次为什么”的实践。他举例说明了问5次（或更多次）“为什么”是如何帮助他绕开所有的解释，找到最重要问题的根源的。

你能5次重复问“为什么”吗？这件事说起来容易，做起来却很困难。

我们不妨练习一下，假定一台机器停止工作了。

1.“为什么机器停止工作了？”“因为它超负荷运转，保险丝烧断了。”
2.“为什么会出现超负荷现象？”“因为轴承的润滑油不足。”
3.“为什么轴承的润滑油会不足？”“因为润滑油油泵无法充分泵油。”
4.“为什么油泵不能充分泵油？”“因为油泵的曲轴坏了，它运行时嘎嘎作响。”

5.“为什么油泵的曲轴坏了？”“因为没有给它装过滤网进行保护，金属碎片漏进去了。”

第二个练习，假定一名学生退费了。

1.“为什么学生的数学课退费了？”“因为学生的时间不合适。”
2.“为什么学生的时间不合适？”“因为周五晚上没有陈老师的数学课。”
3.“为什么周五晚上没有陈老师的数学课？”“因为陈老师不愿意在周五晚上开课。”
4.“为什么陈老师不愿意在周五晚上上课？”“因为陈老师的薪酬计算是与学生人数挂钩的，二讲老师让学生都报陈老师周一晚上的数学课。”
5.“为什么陈老师的薪酬计算是与学生人数挂钩，而不是满足学生的学习需求？”“因为排课时没有考虑学生周五晚上上课的需求，只考虑了如何最大化陈老师周一的班级人数。”

当问到第5个“为什么”的时候，我们就可以着手解决问题了。但是，我们还可以继续问下去。

6.“为什么排课时没有考虑学生的需求？”“因为决策时没有践行‘客户为先’的价值观。”

7.“为什么决策时没有践行‘客户为先’的价值观？”“因为之前没有想过‘客户为先’的价值观还可以真正应用于业务。”

8.“为什么之前没有想过‘客户为先’的价值观还可以应用于业务？”“因为没有接受过相关的思维训练和相关的深度复盘。”

9.“为什么没有提供相关的培训、训练和复盘？”“因为培训课程的设计没有做得很好。”

10.“为什么培训课程的设计没有做得很好？”“因为负责培训的伙伴不懂业务、不懂现场。”

当问到第 10 个问题时，我们就可以发现更多可以改善的节点、流程和制度。

三、深度思考

发现真问题，需要深度思考，需要系统思考，需要能够在潜意识里使用 MECE（相互独立，完全穷尽）法则进行思考和推演。深度思考的核心是能够直击问题本质。深度思考是洞察事物的内在规律，进行系统、深入的思考，并做出正确决定的思维能力。它能够排除 80% 的噪声，排除 80% 的假问题，找到隐藏在事物表面之下的内在逻辑，从而帮助我们和团队做出有利于自身的决策。

发现真问题，需要消除认知惰性，消除行为惰怠。“问题”是发起一切思考的起点。对问题的本质进行精准定义，有利于指导你的思想和接下来的决策和行动，这样的思考才算得上深度思考。深度思考是从质疑性的提问、求知性的提问、探索性的提问和好奇性的提问等无数的提问开始的。由此可见，深度思考 = 质疑 + 分析 + 观点。没有质疑，就很难独立思考，这就要求我们必须长久保持质疑精神，因为任何缺少反向证明的观点都存在着逻辑漏洞。没有分析，就没有深度思考，只有对事物进行层层解剖，才有可能得出正确的结论。

非常遗憾的是，知真方面的惰怠是很多组织的通病。如果让你在 60 分钟内解决一个性命攸关的问题，那你首先要用40分钟研究这个问题，然后用15分钟思考和检验针对这个问题的解决方案的可行性，最后花5分钟解决这个问题。有些组织要么不探究问题根本，不探究真问题，只是追求一个维度的目标，全然不顾这些行为的长远影响和深远后果；要么深入思考的动力缺失，内部充斥着自我良好的行话、没有意义的数据及掩盖其错误的所谓分析框架。

自我质疑是深度思考的重要一环。越是位高权重的领导者，越需要在私下和独处时间进行自我质疑。自我质疑可参考下列步骤进行：

1. 自我质疑可以私下进行。

2. 自我质疑是避免落入确认偏差的重要思维。

3. 领导者往往更加关注那些支持已有想法的数据，忽视与之冲突的数据。

4. 领导者需要系统地寻找那些能够否定自我的假设或信念的证据。

5. 领导者需要努力吸收各种逆耳意见，听取各种"令人不悦"的数据，并以此促进自我思考和独立思考。

6. 领导者需要向伙伴询问各种开放性问题，激发伙伴表达对公司决策的真实想法，并且针对可能的问题毫不迟疑地指明领导者在知真思维上的任何缺陷或不足。

7. 领导者永远不能躺在自己的功劳簿上，要不断地自我挑战，敢于不断地拷问自我："如果我的假设、假想、臆测、信念或决策出错，应该怎么做？"如果是对的，得到正反馈；如果是错误的，会得到鞭策，并且推动自己的思维和业务进入新方向和新高度。

8. 领导者需要给伙伴增加一些压力，以便拓宽他们思维的深度和广度。

四、多样化沟通

发现问题，发现真问题，进行深度思考之后，我们一定要将我们的想法和认知进行多样化沟通，并且建立定期沟通的机制，比如每周与下属一对一沟通。多样化沟通包括很多方面：

1. 和我们的下属沟通；
2. 和我们的同级沟通；
3. 和我们的上级沟通；
4. 和我们的人力、财务、专家和顾问沟通；
5. 和我们的“标杆”进行“假定沟通”；
6. 和我们的潜在客户沟通；
7. 和我们自己的内心沟通。

任何问题都可以归结为沟通的问题，今天的问题通过沟通可以达成共识和解决方案，虽然这又可能引发明天的问题，但明天的问题仍然可以通过沟通来解决。要想取得我们所期待的成功，需要不断沟通、频繁沟通、有效沟通、高效沟通和多样化沟通。

我曾经读过一篇关于持续改善工作的 7 个小诀窍的文章，其中最后一个诀窍就是沟通、沟通、再沟通。沟通要做到以下 7 个要求：

1. 选择以客户为中心的战略性项目；

2. 目标远大但还需从小项目、子项目和小战役做起（“图难于其易，为大于其细”）；

3. 让每个人都乐在其中；

4. 基于公司文化，打造个性化的具体的改善计划；

5. 选派经验丰富且敬业的专业人员；

6. 以标准促进步；

7. 沟通，沟通，还是沟通。

其实，沟通是有效协作的最基本的方法和方式。沟通的终极意义就是协作的终极意义。

我们实现终极的人生意义离不开沟通和协作，

我们实现美好的生活方式离不开沟通和协作，

我们实现未来的宏大愿景离不开沟通和协作，

我们实现未来的价值创造离不开沟通和协作，

我们实现有效的自我生长离不开沟通和协作。

五、高质量决策

决策就是一种具有长远影响的决定，是一系列的资源分配。高质量决策是针对明确的目标，选择一个目前最好的方案，以有限的资源达成目标，并在这一过程中善用高意愿和高能力团队。高质量决策包含 2 个维度和 6 个方面。

2 个维度指：

1. 内容高质量（GPA）；
2. 过程高质量（IPO）。

6 个方面指：

1. 明确、共享的目标（Goal）；
2. 确定优先级（Priority）；
3. 可选方案（Alternative）；
4. 有用的信息（Information）；
5. 人员的协调（People）；
6. 客观推理（Objective Reasoning）。

进行诚实、明智和审慎的决策的意义非常重大。领导者要以身作则，亲身示范，向伙伴们展示批判性探究的整个过程；领导者要传递清晰的指令，必须通过自我驱动，同时实现两个看似矛盾的目标；领导者不能简单地规定目标，而要让团队经过思考做出自己的决定，询问团队业务方面的关键问题，同时督促和推动团队找出创造性的解决方案。

如果你是业务或职能一号位人员，你要学会敦促领导者在做每一个决定时，都进行多样化沟通，深入思考复杂和长期的图景；你要学会要求领导者仔细思考可能出现的问题；你要学会让领导者明白，在决策过程中，人们很容易忽视低概率事件和小概率事件，若这些小概率事件一旦发生，很有可能造成灾难性后果；你要学会让领导者明白，只有对不利因素进行积极思考和系统思考，团队才能认清可能忽视的重要问题。

作为一号位的你，要想按照知真思维模式做出高质量的决策，就意味着要更多地持续学习和更多地投入工作。

1. 你需要走访现场；

2. 你需要大量阅读；

3. 你需要与高手交谈；

4. 你需要研究特定业务；

5. 你需要独自思考；

6. 你需要给自己设置问题，自问自答；

7. 你需要反思外部变化；

8. 你需要能够提出正确的问题；

9. 你需要激励专家团队的成员，让他们能够以创造性的方式进行思考。

沟通如此重要。我们一定要千方百计地提升开会的水平，改善会议作风和提高会议的知真水准，把会议变成充满活力并具有启发性的辩论；把会议变成所有伙伴都能够深入思考、深入业务，同时追求两种看似矛盾的事情的过程；把会议变成既能赢在当下，又能赢在未来的知真思维的训战。

为此，一号位的你可以参考以下 15 条建议：

1. 在会议之前深度思考，在会议上提出一系列问题，并积极探寻多元化建议，引导和带领团队伙伴更好地掌握知真方式。

2. 在会议过程中尽量少说话，让与会者畅所欲言，要把精力集中到聆听别人的想法上。

3. 要把控好自尊心，最重要的是你的决策质量和它所带来的业绩，而不是某个点子到底是不是你的原创。

4. 当有人的意见与大部分人的意见背道而驰时，要让他们把自己的想法解释得淋漓尽致。

5. 当有人的意见与自己的意见不谋而合时，要忍住不说话，更不能急于表示支持，确保当下的对话正常进行，确保持续聆听。

6. 在别人表达充分后，3 秒钟后再做出答复，要让自己真正明白别人到底讲了什么。

7. 要留意其他伙伴的肢体语言和面部表情，以确定接下来该征求谁的意见。

8. 要尽可能让所有人都参与进来，尤其是那些经常纠结的内向的伙伴们。

9. 在大家都发表了想法和意见之后，环顾四周，向大家提问：如果大家是我，会做出怎样的决策？为了避免低职级伙伴的附和和讨好，可以从职级最低的伙伴问起，再问那些有影响力或职级较高的伙伴们的想法。

10. 最后说出自己的想法，并尽量详细地解释自己的逻辑和思维过程，从而引导团队伙伴更好地将这种知真的思维方式运用于各自决策的制定过程。

11. 要请组织成员尽可能使用数据来支持自己的观点。

12. 要坚决杜绝有些人因为某个领导在场而不“畅所欲言”的现象。如果在会议现场不说，会议之后独自沟通，这种行为会极大浪费大家的宝贵时间，所有会议的环节都得再开展一遍。

13. 可以围绕具体团队和具体业务进行特殊训练，可以通过主动推行休克疗法，强制开展富有成效的对话。

14. 当团队遇到巨大困境或巨大落差时，可以采取“高途白纸”训练：让团队后退一步，重新思考应该如何从零开始。

15. 为了减少为解决后续问题而产生的会议次数，需要确定每次会议之后的后续行动的负责人、主要内容和时间安排。要使后续行动具体化，责任一定要落实到人，确定具体负责人，以确保工作的顺利推进。作为一号位人员，必须跟踪各项工作的时间进度，可以让关键协调人协助提醒和跟进相关的工作进展。

六、高效执行

唯有执行才能检验和考验，唯有执行才能战斗和战争，唯有执行才能区分和考核。高效执行意味着快速试错，意味着勇于承诺，意味着敢于担当，意味着团队协作，意味着使命共享。

高效执行就是用最少的资源来完成任务。

高效执行就是拥有更快的速度（唯快不破）、更好的结果（追求卓越）和更大的影响（成为驱动者）。

高效执行就是凡是工作必有结果，凡是结果必有承诺，凡是承诺必有检查，凡是检查必有改善，凡是改善必有激励。

我曾推荐伙伴们阅读《高效能人士的执行 4 原则》。在这本书中，作者提出高效执行要遵循 4 个重要的原则：

原则 1：聚焦最重要的目标；

原则 2：关注引领性指标；

原则 3：坚持激励性记分表；

原则 4：建立规律问责制度。

“胜兵先胜而后求战。”如果我们已经通过发现问题、发现真问题、深度思考、多样化沟通做出了高质量决策，那么高效执行就成为能够取得胜利的最为关键的要素。要做到高效执行，就要关注以下几点要求：

1. 不仅要关注战略，还要关注执行，授权不是放权，信任不是放任。

2. 要了解执行的细节，且掌握实际情况并将其视为己任。

3. 不需要事无巨细，但需要适时具化调用针对不同干部的监督权。

4. 对于时间有限且事项紧急的“战役”，领导者必须深入其中，以确保所有项目都能按照计划进行。

5. 要确保伙伴拥有执行决策所需要的工具和流程，同时必须千方百计改善这些工具和流程。

6. 要做好绩效教练，不仅要督促领导者保持专注，还要为他们提供能够解决具体问题的知真框架。

7. 要制定新的评价标准，尤其要针对每个不同的或新的运营方案制定正确的评价体系。设置平衡性的指标，有利于确保指标的改善，可以真实地反映相关流程的改进。

8. 深入现场，全身心沉浸于团队的工作，真正理解业务，找出改善之道，监督流程，紧盯过程，问责责任人，运用毕生所学来推动决策的落地和执行。

七、回顾内省

当执行结束之后，领导者要第一时间对整个事件进行回顾和内省。

1. 回顾。对整个事件进行详细的回顾，找到所有感觉美妙的地方和感觉不对的地方。

2. 内省。对自己在整个事件中的关键节点的内心世界活动和精神世界空间进行深刻的内省和反思。

3. 自我批判。敢于和善于对自己在整个事件中的表现进行批判；敢于和善于对自己的精神世界进行拷问；敢于和善于对自己的灵魂进行淬炼和升华。

4. 寻找改善点。洞察并确定自己在每个链条、每个节点、每个细节上的改善点。

5. 制定新的标准。将改善点变成新的、改善的、提升的、优化后的、更具生长力的标准。

6. 会议成果文档化。将新的标准以及你所主导的会议成果以文档的形式整理。

7. 分享。将新的认知和标准进行多样化分享。

8. 确立人生原则。通过打仗、打胜仗以及打胜仗的信仰，通过回顾、复盘、反思、反省、批判、自我批判和内省，确立自己的人生原则。

八、自我刷新

在这个巨变的时代中我们每一个人都应该及时自我刷新，有时甚至需要重启。高途就是如此。我们需要重新更新思维的版本，重新注入活力和能量，重新点燃和激发生命力，重新对话、解读高途和我们的使命，重新省思、精进高途和我们自己存在的意义。这就需要我们极具同理心和同情心，极具无所不学（learn-it-all）的好奇心和求知欲，极具知真思维模式。

知真思维模式能够让我们：

1. 透过现象看本质；

2. 从由外到内的视角转换到由内到外的视角；

3. 从固定型思维转换到成长型思维；

4. 从无所不能转换到专注当下；

5. 从恐惧转换到热爱；

6. 从不经意地犯错和不刻意地愚蠢，转换到自主、自觉、自驱地省思和省悟，以纠正自己所犯的错误，并从错误中收获新的认知；

7. 从成功走向更大的成功和自由；

8. 从被动工作转换到开心工作、幸福生活的哲学实践和美好心态；

9. 从优秀的自我升级为卓越的自我；

10. 时时刻刻处于刷新后的自己 (Refreshed Yourself) 和刷新后的我们 (Refreshed WE) 的心流状态 。

如果要用知真思维模式 8 个步骤的英文首字母来表示知真思维，那么就可以写成 PRDDHERR。在工作中、在生活中、在家庭中、在团队中、在组织中和在社会中，我想我们都应该时时刻刻保持知真思维模式（PRDDHERR）。

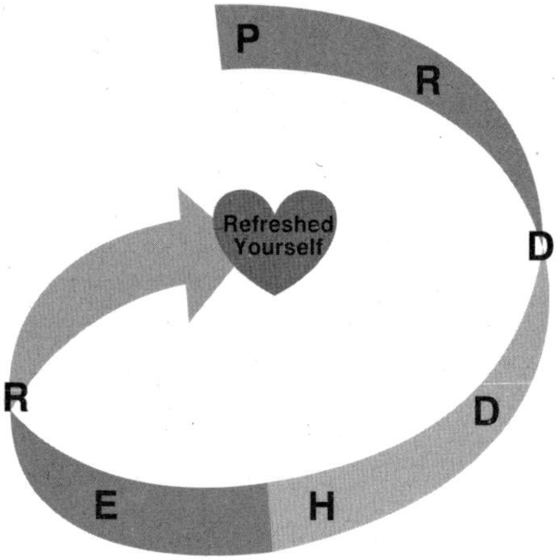

图 2　知真思维的 8 个步骤

1. 我们要敢于训练问题捕捉的能力。

2. 我们要时时刻刻拥有发现真问题的能力。

3. 我们要对问题之上的业务、团队、组织和文化等进行深度思考。

4. 我们要进行沟通、沟通、再沟通。

5. 我们要持续训练做高质量决策的能力。

6. 我们要育成真正的高效执行文化。

7. 我们要进行针对问题解决的全链条回顾和内省。

8. 我们要每日刷新自我，进而更好地认知我们自己。

2021 年 12 月 19 日初稿于美国

2022 年 1 月 17 日修改于上海

第二章 思维模式和『真北』

富有的密码
The Code of Wealth

一、不同的思维模式

第一个维度：内在与外在

从人做一件事的动力来看，别人的要求，与自己的内心所想这两种情况所蕴含的思维模式是有差异的，一种是外在的驱动，另一种是内在的力量。很多成功人士之所以会被看成“疯子”，是因为他们有一种内在的力量在激励着自己往上走。也有很多人迫于各种各样的压力，不得不去做一些事情，但最后也做出了一些成绩，这种成长就源自外在的驱动。

毫无疑问，每个人都需要来自外部的鼓舞和激励，但是，一个人真正的成长一定离不开内在的力量。如果你的内在是向上的，同时外部也有一种力量把你往上牵引，你就能够更好成长。

对伙伴们来说，每个人都希望有一个美好人生，都希望人生能够幸福，都希望有一天能够实现自己的人生目标。其实，实现这些目标所需要的外在的力量已经在那儿了。例如，你选择一家公司，它的外在激励就在那儿；你加入一个团队，团队的管理者如果特别有魅力，对你的外在激励也就在那儿。但更多时候，差距的关键在于你内在的东西、内在的成长、内在的渴望，在这些方面，人和人之间会有巨大的差异。

有句话说，人生差距的拉开往往是在工作的 8 个小时之外，这 8 个小时之外的时间质量，决定着你未来人生的真正价值。这句话指的是，你在工作场合的这 8 个小时拥有着外在激励，但你在工作之外的 16 个小时，外在激励没有了，或者说此时的外在激励小了，而人的成长关键要靠内在激励。有时候，我们会羡慕一个很厉害的人，与其羡慕他“怎么就那么厉害”，不妨羡慕他是怎样运用没有外在激励的那些时间去做了价值更高的事情。这是第一个维度的考量。

有人说，给我多少钱，我干多少活。这的确叫外在激励。当然，我也确实觉得这是天经地义的。但如果仅仅遵循这样的价值观，你每个小时的价值被定量，你的人生价值就是定量的。因为这些活本身也是可以被定量的，这也就意味着这些活很容易被别人完成。而当你被别人替代时，你的人生其实就没有多少价值了。因为别人可能比你更年轻，可能比你更努力。在内在与外在的平衡中，我想这是一种应有的心态维度。

第二个维度：乐观与悲观

面对同一件事物，有的人持悲观的态度，有的人持乐观的态度。人们在这两种态度下看到的东西是完全不一样的。

举个例子，你进入职场后，可能会遇到糟糕的主管，每天都会痛苦地想：“天哪，我怎么会遇到这么一个难缠的主管！”这种心态的产生可能有两个方面的原因。一方面，你的主管确实很“难缠”，他是在成长的过程中慢慢“变成这样的”；另一方面，你的主管是个好人，但是他的领导力或者气场与你不和。换句话说，他还不具备匹配你的独特领导力，可能你也不懂他，可能他也没有真正适应你，当你们在工作中遇到问题时，就会有摩擦。在这种情况下，可能他本身很好，但你就是觉得他不好。

而那些非常厉害的人，具备不同心态维度的人，他们会这么想："主管确实好'糟糕'，我真的好痛苦，这个事实能改变吗？当它没法改变的时候，我该怎么做？我该如何调整自我？"最终，他们会先与主管和平相处，暗自加倍努力，等到有一天组织里有别的机会时，成为"活水"，可能因为自己做出出色的成绩得以晋升，也可能选择离开。

无论如何，我们都不应该直接说"我不干了，我就要离开这家公司"。就像很多人因为喜欢高途而加入，要是因为一个你认为糟糕的主管而离开，你不就把自己伤害了吗？所以，你会发现，面对同样一种现象，不同的人会有不同的反应。职场中有一个著名的 ABC 理论：A（Activating Events）是你处于的困境，B（Beliefs）是你的态度，C（Consequences）是最终的事件结果。当你觉得这个主管很糟糕，并且这个主管确实也很糟糕时，如果你受不了，产生愤怒的心情，心里想着"我要和他拼了"，那么你也会变得很糟糕。换个角度，这个主管很糟糕，而你的态度是"反正组织中总会有让人不开心的事情发生，我就安心地做好自己的工作，利用这段时间慢慢积淀，把工作高质量完成，不拖组织的后腿"，结果就是，等到有机会时，你就可以跳出原来的团队，开拓另外一片天地。

有时候我们会发现，从一个糟糕的主管身上学到的东西，远远多于另一个优秀的主管。因为当你遇到一个糟糕的主管时，你的痛苦、你的纠结、你的挣扎等感受，最后都会让你更加深刻地感知到什么才是真正的领导力，什么才是真正的领导者，什么才是真正的你所期待的那种场景和人际关系。

最后你会有更多知识和思想的收获，这些输入脑海中的想法都会把你的领导力提升到一个新高度。

相对来说，从农村出来的孩子在向上探索时，他的谦逊度往往要比那些家庭条件好的孩子高一点儿；小时候家庭关系比较亲密的孩子，在和别人相处时，安全度要远远大于家庭环境相对比较差（例如父母经常吵架，或者是单亲家庭）的孩子。同样的道理，小时候经历过很多挫折和磨难，经历过非常艰难的生活，最终还能够爬起来的孩子，相较于一些家庭条件好的孩子，在面对更大的困境时可能更乐观和从容。工作中的事情不可能都如你所愿，而人的每一次跃迁的机会，往往来自你所遇到的困境和负面事件。

我小时候家里穷，吃不饱肚子。偶尔会有一天，到了下午四五点时，我爸妈就拉着我们姐弟几个，走十多里山路去姥姥家，就是为了能够吃顿饱饭。吃完饭，我姥姥会把他们家的米面给我们拿一点儿，拿上米面，我爸妈就带着我们姐弟几个回家。

小时候，我住在大山里的农村，那时候山里有很多野生动物，我就是在那样的环境中成长起来的。那时发生的很多事情，如今都让人难以想象。现在，如果把我丢到一个特别困难的环境中，我可能会比很多人生活得更好，因为那样的生活对我来说真的很简单。

换句话说，假如你的起点很低，甚至不到平均水平，是不是只要你稍微往上走一点儿，你就会感到很幸福？只要稍微往上走一点儿，你就能看到亮光？只要稍微往上走一点儿，你就能迎来灿烂的阳光？所以，我个人认为我应该是一个极致的乐观主义者。我在往上走的时候，没有压力，因为我原来就什么都没有，当我稍微往上走一走时，我就觉得所拥有的东西变多了。有一次接受一个访谈，我说，现在即使把我个人财富的99.9%都拿走，我仍然会觉得我是非常富有的。

有一天，我们家的老房子房顶上的瓦片掉了，然后房子塌下来了，我和我姐姐差点儿就被砸到。房子塌了之后，没有钱修，我们还一直在里面住着。那期间，每到冬天，寒风凛冽，我们就用玉米秆在上面搭一搭、堵一堵，即使这样，风还是能灌进来。晚上睡觉时的那种寒冷，没经历过的人是难以想象的。我和我弟弟睡一张床，大概有1.5米宽，我俩就挤在一块儿，相互取暖。遇到下雨天，外边下大雨，屋里下小雨，我们就得拿着各种盆去接雨水。以至于后来我工作不顺时，做梦都会梦到房子漏雨了，我得赶快拿着盆去接。不过也很神奇，之后我做梦梦到下特别大的雨时，我反而能把不顺的工作理顺。我也不知道为什么。

我慢慢悟出一个道理，小时候生活条件虽然苦，但这些看似艰难的事件给了我极致的韧性及复原力，以及极强的乐观心态。很多人会问我："Larry[1]，怎么感觉你永远都那么坚韧，碰到很多事情依旧那么乐观？"我说："我现在的环境即使再难、再差，能比小时候差吗？现在已经好太多了。"

乐观是特别重要的。比如"双减"政策，你们觉得对我们来说"双减"是好事还是坏事？大家认真想想，"双减"之前我们在做什么？当时我们的伙伴倒是蛮高兴的，觉得高途融资非常成功，是一家市值几百亿美元的

---

〔1〕高途倡导伙伴文化，大家彼此直呼名字，伙伴们称呼陈向东为"Larry"。

公司。而且那时候，每家教育公司都在融资，都在铺天盖地地打广告。但是你们知道吗？从公司层面来讲，那时我们是活不下来的，从最小单元的模型来算是不划算的，当时没有一家教育培训机构是赚钱的，靠拿投资人的钱来支撑自己的公司。最后居然出现了 4 家教育公司都找同一个人做广告的事情，现在想想真的是匪夷所思。这不得不说是一个深刻的教训。

巴菲特说：“别人恐惧的时候你要贪婪，别人贪婪的时候你要恐惧。”但人性往往是，别人恐惧的时候你更恐惧，别人贪婪的时候你更贪婪，结果你就在贪婪之巅把自己伤害了。那当别人极度恐惧的时候，你应该怎样做呢？至少当别人极度恐惧的时候，你可以先静下心来，内心平静了，你就可能发现机会，也就可以找到你自己的机会了。

这也就是为什么我在不同的场合经常说，要在日常的不变中寻求变化，要在日常的变化中寻求真正的变化。而当我们的生活发生巨变时，我们就要去寻求那些真正不变的东西。那些真正有智慧的高手，往往能在发生巨大的外部变化时，看到不变，然后他就能从容地做决策了。

从当下来看，我们在“双减”发生之后所做的决策真的可以打一个非常高的分数。当年，在面对巨大的政策变化时，我们不知道以后会发生什么，而公司就只有这么点儿钱，我们便需要思考：怎样做决策才能让团队快速稳定下来？怎样让优秀的伙伴留下来，从而让组织能够更好地面对未来，寻求机会？面对这些棘手的问题，我们接下来的一系列调整，我觉得至少可以打到 90 分。

大概从 1990 年起，中国的教育培训机构才开始慢慢出现。当初，教育机构的数量在缓慢而持续地增长，直到 2014 年，以高途为代表的在线教育机构开始创业。2019年，高途在美国纽约证券交易所（简称“纽交所”）上市，可见整个教育市场的躁动是难以想象的。

2020年，教育市场的融资规模超过100亿美元。各位伙伴，这是什么概念？在2023年第二个季度，国内全行业拿到的所有美元投资不超过60亿美元，但在2020年，整个教育行业拿到的融资就超过了100亿美元，相当于我们至少把全世界投向教育的80%的融资都吸引到中国来了，相应地也出现了一些乱象。所以，大家可以认为2020年是教育市场融资的峰值制高点，那时各个在线教育机构的广告铺天盖地。而到了2021年7月，“双减”文件正式下发，整个教育市场开始不景气。后来随着各地政策出台，教育市场的发展基本到了冰点，像高途这样的公司确实受到很大影响。

不过你会发现一个非常有意思的变化，在很多地方，很多“小黑班”（没有资质的校外培训组织或个人）都冒出来了。2023年10月15日，《校外培训行政处罚暂行办法》正式实施，很多地方开始做网格化管理，打击“小黑班”。按照官方统计，“双减”前最高峰时，有近30万家教育机构，“双减”后按照正式登记有经营牌照的机构仅有2200家。也就是说，在“小黑班”被规范之后，市场将再次低迷，那我们更应该目光长远，看看不变的核心是什么。各位伙伴，不变的不就是客户需求吗？客户需求不变，咱们就应该静下心来，好好做产品，不断满足客户需求，那不就会有很好的发展吗？你会发现，这就是我们所说的“思维模式”（mindset）。

我建议大家，在面对不同问题时，尽可能从乐观的角度去思考。“双减”之后，高途有一些干部说“我对教育不感兴趣了”，我说“你以前对教育感兴趣吗”，他说“以前也对教育不感兴趣，只是因为当时能赚钱”。

所以他离开了，去干别的行业了。看看坚持下来的人，大家就会发现，教育这件事毫无疑问仍然是不错的。高途自身的成长就在那儿，“双减”后，高途的增长曲线多美妙啊！

高途在“双减”之后的营收急剧下滑，员工从近 4 万人减到了 1 万人。但是，高途在之后的调整过程中，其实是一直在成长的。

截至 2023 年年底，高途后台累积了近 8000 万用户的电话号码，也就是说，在我们这里报过名、留过电话的学生或家长有近 8000 万人。尽管其中有一些课是免费课，但报过我们课的人次达到了 4 亿多。这么多人信任我们，才造就了今天我们所看到的高途。

以高途目前的体量，很可能到 2025 年时，高途的收入规模将会达到创办以来的水平。甚至可能不用到 2025 年，我们的营收规模就会重新达到创办以来的水平。

伟大的机会到底在哪儿？伟大的机会就在于社会出现的“非共识”。当有非共识的情况发生时，有人认为它是涨的，也有人认为它是跌的。这个时候，如果你看得准的话，把这个机会点抓住，那你不就成功了吗？这就是第二个心态维度的差异。

在面对一个巨大的不确定事件时，应该乐观还是悲观？如何去做你最大的人生抉择？做出这个选择的结果将会关乎你所有的一切。这是我想说的第二个维度。

第三个维度：结果与真因

我们去看待别人、评价别人时，往往会根据结果做评价，而很少根据结果背后的原因做评价。结果只是个结果，它往往是有原因的。真正的高手应该去寻找导致这个结果的原因，从原因上去做评价。掌握了这个思维，你就会超过世界上大多数人。真正的高手是怎么做的？他们不仅看结果，更看重结果背后的真因。他们把原因找到之后，就开始实现他们的人生目标。

举个例子，大家常常会看到一些非常成功的人做了几个决策，便能成就一番事业。但大多数人如果只是简单模仿他们，会不会也像他们一样有所成就呢？当然是不可能的。各位伙伴，你们怎样去找到真因？

我也在不断刷新自己寻找原因的能力。国庆假期时，我去了一趟美国。我其实就在美国待了 5 天，其中 2 天的时间是在书店度过的。我去了哈佛的书店，去了麻省理工的书店，翻了几百本书，最后背回来 40 多本书和好多本杂志。像《哈佛商业评论》这本杂志，我读了近 20 年，但这次阅读的时候，我的感受就很不一样。我也尝试与《哈佛商业评论》杂志的总编辑对话。我总结出，他们的文章基本上是三段论：第一部分，问题（problem）是什么；第二部分，原因（cause）是什么；第三部分，解决方案（solution）是什么。我看很多文章都是这么写的。

其实谈论问题不就是谈论一个结果吗？你觉得某件事是个问题，实际上它也是个结果。再往下分析并思考：现在我们面临的挑战是什么？挑战背后可能面临的机遇是什么？最后我们的解决方案是什么？这几个问题的背后其实也是一样的思维模式。

我尝试着把美国在 2023 年出版的关于管理和领导力的书籍能买尽买，读一读，吸收一些先进的管理理念。如今有一些成功人士，他们把自己的思想写成一本书时，就介绍了那些已经经过了许多验证最终得出的方法论框架，这对我们将是非常美妙的启发。

伙伴们，当我们看到一个结果时，我们要先看它的原因是什么，然后找到真因，这样才能想出正确的行动方案。与此同时，如果我们自己遇到了一个问题，就需要看到整个问题背后的真因是什么，找到真因之后，我们再想想解决方案是什么。比如，你的团队可能到达某个阶段后就难以继续向上走了，它的确是个问题。那我们就看看这个问题背后的原因是什么，把原因找准了之后，那么解决方案自然而然就能找到了。

以上 3 个维度是我给大家分享的不同的人在思维模式和认知模式方面的差异。

二、找到自己的“真北”

之所以要给大家讲思维模式，是因为我发现，人和人真正的差距其实来源于人与人之间的思维模式。

我专门从美国带回来的几十本书中，其中一本——*True North* 是 3 个作者合著的，我看到这本书时特别兴奋，是感觉心脏快要跳出来的那种兴奋。它的封面上写着“Emerging Leader Edition”，也就是适合正在成长的领导者版本。当然最关键的还不在这儿，而在中间的这个作者 Bill George，我是了解这个人的。

2011 年到 2012 年期间，我的人生遇到了低谷，我觉得很多问题想不清楚，感到很迷茫。就像现在很多伙伴会问我：“Larry，我迷茫了，怎么办？”迷茫往往是因为你心里向往的和你当前所处的环境之间产生了差距，你就可能睡不着觉，非常痛苦，接着你的身体可能会出毛病。那两年，我大概每年都得两次重感冒，有一次我直接就跑到医院打了三天点滴。你看，我本来是那么坚强的一个人，基本不去医院，但那时候真的扛不住了。2012 年，我总是在想，该怎么解决我当下的迷茫？我常常审视自己的内在领导力，然后再看看整个大环境，总觉得不对。

2007 年，苹果推出了智能手机，智能化移动时代正式开启。到了 2011 年、2012 年，技术变革已经特别快了。我曾经学过电子技术，当时技术变化对我产生了很大的冲击。我一直痴迷于技术和教育的结合，我想，自己在这个技术变化飞速的时代能做点儿什么？

后来我去翻看哈佛商学院的课，发现有个叫 Bill George 的人，他开了一门“真诚领导力（Authentic Leadership）”的课，于是我报了这门课。给我们上课时，他已经 70 多岁了。他以前是美国医药公司美敦力的 CEO，他把那家公司的市值从 10 亿美元提升到 600 亿美元，然后就突然不做 CEO 了。董事会挽留他，说：“你还这么年轻，再继续干几年吧。”他说：“不！我觉得我做 CEO 已经够了，我这份工作的使命到这儿已经可以了，接下来我应该继续攀登下一个高点，完成我人生更大的使命。”董事会问他：“你想干什么？”他说：“我想去教书，我想把我这么多年当 CEO 的成长心得分享给更多的人。”于是，他来到了哈佛商学院教书，开了“真诚领导力”这门课。

当时，他就送给我们每个人一本他最新出版的书，叫《真北》，还给每个人签了名。中午我约他吃午饭，问了很多问题。最后他问我：“是不是内心有困扰？”我说：“是的。我觉得这个技术变化的时代，教育市场应该出现和技术结合的伟大场景。”刚好哈佛的一个教授叫克里斯坦森，他写过《创新者的窘境》这本书。书中提到：“任何伟大的创新都不在企业内部，而在企业外部。”我经过仔细分析，觉得应该有一家科技教育公司应运而生了，因此心里一直躁动不安。后来，教授说：“你看你现在多幸运，你在这个年龄已经在一家公司做了那么多年，重要的是，其实你是可以尝试实现你的梦想的。”

11 年后，即 2023 年，我竟然在一家书店里看到了他写的另外一本书，于是迅速买下。我想，教授今年 80 多岁了，他现在写的书肯定比 11 年前写的书更加深刻，书中蕴含的知识也更加深厚。我才 50 多岁，我要读比我年长 30 岁的长者的人生经历。我在翻看这本书时，就想到了教授当时在讲台上的一幕幕场景。

我在高途讲过好多次这个经历，我记得非常清楚，那是 2012 年，他讲最后一节课时，坐到讲桌上背诵了一段话，就是塞缪尔·厄尔曼的《青春》：在你的心中、我的心中都有五样东西，分别是美好（beauty）、希望（hope）、欢乐（cheer）、勇气（courage）和力量（power）。教授的背诵一下子把当时的我点醒了，因为这篇文章我也背过。我想，他比我学识渊博。背诵这段话时他声情并茂，这让我后来反复揣摩这段话，不禁感到，它好美啊！

试想一下，我们每天早上醒来时，我们都觉得生活很美好；我们每天早上醒来时，我们都会有希望；我们每天早上醒来时，我们都希望给这个世界带来欢乐；我们每天早上醒来时，我们都希望自己更加有勇气。

什么叫勇气？迈出你的舒适区叫勇气，敢于做新的事情叫勇气，面临一个糟糕的主管还愿意在隐忍中坚持自我也叫勇气。拥有勇气太难了！当年我也管过几万人的大公司，而我在离开新东方后的创业历程是从一间地下室开始的，那时只有十多个伙伴。两个境遇对比之下，我在这两者中间跨越的勇气是多么重要！

可是，勇气不是说有就有的，勇气过了头就成了盲目。勇气是你经过大量的准备，例如你准备了那么多年，奋斗了那么多年，蛰伏了那么多年，最终把整个系统想明白了，然后靠着这份韧劲去实现目标的依靠物。年轻的时候，你有很多的可能性，但所有的勇气，一定是建立在美好、希望、欢乐基础之上的。所以，人和人的差距很大程度上在于所拥有勇气不同。多问问自己敢不敢尝试，敢不敢离开舒适区，这是非常重要的。只有做到了，你才会有力量。

我们再继续聊这本《真北》。我看书特别注重方法，我不会一个字一个字地去读，我一般会先看目录架构。《真北》的第一部分是发现自己，第二部分是发展自己，第三部分是领导他人，第四部分是驾驭当下的挑战。我觉得这本书讲的是，人的起点是发现自己，后面才是真正去发展自己。

我觉得，你们都可以从发现自己开始，就是从建立你的自我认知开始，一个人只有建立了全面的自我认知，才能往上生长，生长出来的东西才能够对这个世界有真正的影响。每个人都会经历很多逆境、困境等，当然这背后也有很多东西在支撑你，比如家人、信念等。这一路上，你要先有真正的自觉，然后有自纠，最终有自信，慢慢地才能够开始你人生真正的向上之旅。这是非常重要的，因为：第一，我发现现在有很多伙伴只是在工作，并没有腾出时间去做思考；第二，很多伙伴虽然在做思考，但并没有真正向内思考，对自己的思考太少了；第三，即使有伙伴在做向内思考，但思考得不“痛”，如若他思考得不“痛”，他思考的路径就是不对的。

三、吃饭、睡觉和运动

如今，我给伙伴们提建议时，不会仅仅希望他们能给组织创造更大的价值。因为以前我忽略了这一点：给组织创造价值是一个外在的希冀、外在的期望，而创造更大价值这件事是需要伙伴们用脑力、心力、体力来支撑的。大家可以思考一下：自己的心力够吗？自己的脑力够吗？自己的体力够吗？不管是脑力还是心力，所有的起点都是体力，所以能创造更大价值的人必须精力充沛，不要动不动早上醒来就蔫了，或者生病了。你们想想，你生病那天的状态是怎样的？生病那天你是怎么过来的？如果你病恹恹的，能干什么呢？既然什么都干不了，就别提创造价值了。如果你每天早上醒来都能觉得“这是多么美好的一天”，那么你的精气神是不一样的。

怎样保证第二天早上醒来时是最好的状态呢？我认为需要做 3 件事：第一件事，学会睡好觉；第二件事，学会吃好饭，按时吃饭；第三件事，学会锻炼，学会运动。

有伙伴会问我，“Larry，我下班时已经是凌晨 1 点了，我怎么睡好觉？有时候甚至凌晨 2 点才回去，我怎么睡好觉？”我想，凌晨 2 点下班难道就不能睡好觉了吗？睡好觉的核心是你要提高你的睡眠质量，不要做一些影响睡眠的事。

我到今天还不会开车，也还不会游泳。其实对我这种爱冒险的人来说，开车、游泳有什么难的？核心还是止损清单（stop-doing-list）。目前我还没有真正从容下来，不允许自己慢下来，因为我觉得时间不够，所以我要做点儿更重要的事。

睡觉这件事为什么重要？因为你得保证自己有充沛的体力，保证第二天能以一种极度兴奋的状态、极度自信的状态、极度精神的状态，去迎接身边的人。每天的你都是一张名片，每天的你都会影响身边的人，那你就要思考，怎样能够让你的精神状态始终保持最佳，从而让身边的人都感受到你的能量，让大家都羡慕你，这些行动带来的结果就是你的影响力。

把这些逻辑想清楚后就简单了。要想保证睡眠，即便你的主要工作是没法减的，你也可以把那些与主要工作无关的事减掉，构建起你人生的止损清单。坦率来讲，我的人生做了好多减法，就是我会一次次选择，不做 A，不做 B，不做 C，把要做的事情砍到最后不能再砍了，我就把该做的事情定下来了，慢慢就达到了我现在的均衡状态。

第二件事就是该吃饭就吃饭。有管理者说，我开会到了中午 12 点，没开完，我先把会开完，结果开到下午 2 点结束，然后再去吃饭。问题是你还是得吃饭。既然要吃饭，为什么不能合理安排会议时间，12 点就结束呢？除非你不想吃饭，把吃饭时间都节省了，否则，为什么不准时吃饭呢？很多管理者的脑袋中没有这个概念，开会延时了就把吃饭放到后边，没有止损清单。

我现在开 BOC 会议，说 12 点结束，12 点必须结束。为什么？这是一个规则，这是大家的共识。如果你工作当中总是“非共识”，那么天天都会起冲突，工作效率也不会太高。作为主管，你们能不能做到 8 点开会就准点开会，12 点结束就准点结束？如果都能做到，那么大家就都能够按时去吃饭了。

第三件事就是要运动。你可能会说，我真的没时间运动，但你找伙伴谈话时，可以一起运动，就当作团建了。大家一块儿团建时，不是只有聚餐一种形式，也可以是一起运动，例如出去跑个步。当然我自己现在做得也不好，但我相信以后我会做得好一点儿。

我应酬很多，每天跟不同的人吃饭，没有太多时间去运动。但你们看我是怎么保持身材的？我当年做校长时体重 128 斤，晚上一般是十一二点才能回去，回去后会吃一小碗面条，再弄个羊肉串，要不就在公司搞团建，放肆吃。结果一个寒假过后，体重变成了 150 多斤，增长了快 30 斤，原来的裤子都穿不上了。2003 年我回北京后，就在集团做副总裁，在当时的董事会上被认定为集团的“二号人物”，那时候我才 32 岁，多年轻，有无穷的力量，晚上吃饭经常吃好多次。那时候我多么放肆，也没有止损清单。有一次，凌晨 4 点多司机送我回家，第二天早上醒来我发现自己睡在车库，我问司机怎么回事，他说我昨天晚上直接在车上睡着了。不过，后来再有那么多应酬，我也没胖过。我告诉自己不能多吃，再好的美食尝一点儿就可以了，我学会控制饭量，所以才有了今天的好身体。

还有一个锻炼的方法——走路。我会抓住一切走路的机会。比如早上 7 点左右，我会趁着给孩子打电话的机会，沿着园区绕两圈，一边走一边给孩子打电话。另外，我在公司打电话时，一般都站着打，这样不就能让自己运动了吗？我一天的日程安排经常是从早排到晚，我时常找时间让自己运动一下。

现在的高管团队出去开会时，他们会很“卷”，早上起来要跑步。你看他们几个现在坚持跑步的人，状态真的是不一样，他们的决策能力也在不断提升。经过大量运动后，你都能和自己和解了，你到大自然中又有什么是不能和解的呢？你跑步的时候是和自己在对话，你能不能跑好，你的状态是怎么样的，是欺骗不了自己的。

对我而言，我也需要做好 3 件事：该睡就睡，该吃就吃，该动就动。

我问过很多创业者，他们在创办一家公司的前 10 年都非常不容易，投入公司的时间是难以想象的。没有办法，他想构建团队，建立团队共识，还想把自身成长一起做好，不可能一蹴而就，做不到怎么办？只能投入大量的时间。比如国内外一些成功人士，他们在年轻时工作时间都超长，每天恨不得工作 16 个小时甚至 18 个小时。只是贝佐斯到了一定年龄之后，他才说：“我一定要做高质量决策，我要保证充分的睡眠。”

四、信任的力量

高途到 2024 年 6 月就成立满 10 年了，我感到很幸运。

大家都懂得，什么是真正的人才，什么是能够真正走向长期的人才，它是通过什么定义的，真正能够走向长期的人才是通过逆境、困境来定义的。坦率来讲，高途经历过两次困境，第一次困境在 2016—2017 年，甚至到 2018 年，那时遇到了一个巨大的困境，那一拨当时被定义为“人才”的人走了很多。到了 2021 年、2022 年时，高途在外界看来也遇到了很大的困境，很多人也因此离开了，甚至有一部分“人才”也离开了。高途还没到 10 岁就经历了两次重大打击，每次打击都差点儿把它打趴下。

2016 年，公司账上没钱了，投资人不愿意投了，最后是我自己掏钱。我告诉伙伴们，高途不会缺钱的，咱们一起干，一起往前走。当时团队差点儿散掉了，几乎每个人都带着悲观情绪。我担心团队散了，经常约大家出去散散心。那段时间，我一般睡到凌晨 4 点多就被噩梦惊醒，开始发呆，漫漫长夜，天就不亮。我是多么乐观、多么强大的人啊，我感到太难了。今天想来，那不就是上天给我的一个福分，让我很早就经历了一次心灵的锻炼和训练吗？后来，到了 2021 年、2022 年的时候，高途又遇到一次困境，好多伙伴离开了，但相对于过去那次困境来说，这次我就从容了很多。

团队里最难的是信任。为什么说我今天内心稍微从容一点儿？高途马上10年了，到明年6月16日，咱们的BOC成员罗斌，他既是CA业务线和IE业务线负责人、市场负责人，也是公司最早的核心创始团队成员，司龄马上也10年了；CFO沈楠到明年有5年半了；H业务线的许翔是2015年3月加入公司的，到明年6月，都9年多了；邓弘也有9年多了；卢佳快有10年了；伍新春有9年；张如国、罗沫鸣来公司的时间短一点儿，但我认识他们快20年了。换句话说，不管怎么样，经过这么多年的成长，高途的团队跌跌撞撞一路走来，现在的核心团队与我的人生交集和信任构建都已经9年、10年了，其中时间最短的沈楠，也有5年了。不知道你们能否明白，构建信任这件事不是你的主观想法能决定的，而是他人相信你，你也相信他人，并且通过不断的战役、困境、挑战、挫折、冲突，哭着、闹着、笑着，慢慢地，到最后大家会抱在一块儿说“我们一起往前走”。

今天来看，现在高途的整个领导班子、核心干部体系，基本上可以让我的满意度达到80%，我从来没有体验过这种美妙的状态。特别是我这次带着BOC成员去宁波开会，第一天开完会之后，晚上我极度喜悦，那种心理状态真的特别好啊，当时我心里想的是，他们讲得真好。国庆节前我布置了题目，然后在会上看着他们汇报的思路、框架、场景等，坦率地说，每个人的发言都是超越期待的。我突然意识到，其实我可以慢慢更多地授权给他们，我真正可以做点儿自己好多年想做却一直没做的事了。

有时候，追求梦想是要付出代价的，不可能风淡云轻地取得成功。毕竟我做高途快10年了，这期间又经历过两次重大的生死考验，你想，这些事会对我产生什么样的影响？我觉得，我所经历过的事，对整个高途的文化，能够进行深刻的塑造。因此，在面对高途 10 年的时候，我的心境会变得更加从容、平和，慢慢地我会有更多的时间让自己去思考。

我曾经从美国带回一本书 *Trust and Inspire*（《信任和激励》，又可译为《相信和激发》），这本书很好。还有一本更好的书 *Employee Loyalty*（《敬业度》），讲的是如何能够在新的时代把高端人才、优秀人才、顶级人才留住，并且去激发他们的奉献精神。好书的框架体系都是一样的，都讲到了一样的方法论。

每个人都希望遇到一个好领导。书中提到，大家对好领导的期待有两点：第一，希望在今天这个时代，领导能够对自己进行辅导；第二，希望领导能够信任自己。当这两种状态都具备时，人们工作起来也就感觉美妙极了。你想想，工作中有一个你可以依靠的人，什么话都能跟他讲，他也什么话都能跟你讲，多好啊。

一个人进入一家新公司，要想真正赢得信任，一般需要 12 ～ 18 个月，因为别人不可能在一年之内就能充分信任你。什么叫信任？如果公司现在遇到困难了，原来给员工一个月 20000 元，领导跟员工谈话表示，“现在公司处境艰难，能不能暂时一个月拿 5000 元？”员工要是说“5000 元没问题，只要能一起往前走”，这是信任。丘吉尔有一句话：“没有永远的朋友，没有永远的敌人，只有永远的利益。”这句话其实蛮尖酸的，但它也蛮真实的，放到一个大的场景去看，很多人都难以抵挡利益的诱惑。但是，人生中有没有一个永恒的朋友？我认为会有的，我相信这点。

信任建立在自信的基础之上，形成于给予的过程之中，而升华于共同面对的默契之后。你能够通过战斗和战役取得胜利而产生自信吗？你能够在战斗和战役中不断给予别人更多吗？你能够在战斗和战役中与别人形成更多的默契和共识，从而产生更多的自信吗？我坚信，当我们回归自我，把自己变得更加优秀的时候，我们就真的能够放松，真的能够从容，真的有能力达到自己最好的状态。

信任真的很难。书里提到的倡导（advocacy），即宣扬、主张、提倡。什么意思？就是你可以认为，要判断一个人是不是真正的好领导，我们可以看他是否能够给我们很好的辅导，他是否能够创造出你相信我、我相信你，你我共同成为一体的利益共同体的文化氛围。当然，我们更加希望的是，领导所宣扬的其实和他自己所做的、他未来的构想是一致的。

五、让工作更有意义

当下的“00后”都期待着有非常理想的职业。如果把工作理解为职业，那么，作者在书中说了3点：第一，每个人都希望有更好的薪酬；第二，工作量尽量别那么多，这是理性追求；第三，还要有点儿自由度、灵活度，这是人性。相信你们也希望自己这份工作薪酬不错，工作压力适度的同时还能有一些自由度，有时候想请个假、调个休，能够有一些宽松的氛围吧。

大家看高途现在是怎么做的？在薪酬方面，我们做的其实还可以，但是在工作量方面，很多时候我们没有把规划做得很好，导致伙伴们需要把很多时间耗在工作上。也就是说我们给伙伴们的自由度没给够，导致大家似乎认为自己的工作量很大；又或者说我们没有把问题讲清楚，没有通过系统化、流程化、数据化、工具化来做事，没有让工作量降下来，同时自由度又卡住了。最终即使薪酬还可以，但伙伴们还是对薪酬不满意，从而转化成对工作本身不满意。

例如，对于我们的顾问老师、二讲老师，我们要去思考，如何能够通过系统工具、AI技术去提高效率，能够让他们的工作量降低一点儿。同时我们还要考虑，如何更好地规划和安排好工作，能够让伙伴们在该休息时休息，该吃饭时吃饭。最后，达到让大家的工作更有意义的效果。

我举一个例子。好多组长复盘非要等到深夜，一复盘就 2 个小时。复盘前，我需要和大家明确几点：第一，应该有止损清单，例如复盘到什么时间，不超过多长时间；第二，遇到特殊情况，复盘可能会超时，但绝对不会超过多长时间；第三，在什么样的情况下，复盘可能会放到第二天再讨论；第四，复盘绝对不能做什么，你要提前给大家一种确定性。

前段时间一个伙伴找我，一个特别好的女孩儿，她说：“帮帮我吧。”我问：“怎么了？”她说刚谈个男朋友就让男朋友给抱怨了。原因是晚上开复盘会，9 点开始，主管说开一个小时，男朋友 10 点来接她，结果到 12 点复盘会还没结束。第二天又是如此，第三天好像是个节日，晚上 9 点开复盘会，结果开到 11 点还没结束。她的男朋友说：“你是不是对我有意见啊？”

主管开复盘会看上去是对的吧？主管的想法是我也是好心辅导你，你还不乐意。辅导是没错的，但说好 10 点结束，却每次都给大家“惊喜”。假如我开会，原计划下午要返程，那我能一直讲到晚上，让餐厅的人等着，让返程的大巴车也等着吗？换句话说，我们有很多管理者没做到自我约束。

什么叫自由度？自由的前提是不自由，即自由的前提是制度、规矩，是大家共同的契约精神。有了共同的契约精神，你就能先在你的边界里做到最好的自己，从而能够给别人空间，最终大家一块儿遵守承诺，取得成果。这样一来，每个人都会有更多的时间去做自己。随心所欲不逾矩，这背后的大境界就是你能够给伙伴们创造一个更好的氛围和环境，让伙伴们在约束之下还能保持创造性，以及在非约束之下可以对人生的边界无限拓展。

关于有意义地工作，首先它的核心叫目标，你的工作得有目标、有目的；其次叫特长，就是要发挥优势；再次叫归属感。

你到一家公司工作，首先要找到工作的意义，同时能够发挥你的优势，如果不能发挥你的优势，你就会很痛苦，更别提坚持下去了。好的公司应该是能够让大家找到归属感的，觉得这个地方就是我要找的地方。比如对一个伙伴而言，好朋友在这儿，圈子在这儿，客户也在这儿，那他的落脚点也会在这儿。因为一生的热爱都在这儿，适应这里的文化氛围也能如鱼得水，还能够在这儿发挥自身的优势，那谁还会离职呢？说着容易，实际上做起来很难的。

从某种意义上讲，这也是真正的人生突围、突破。*Employee Loyalty* 这本书，虽然很厚，其实说的就是 3 件事：第一，我怎么样做一个好上司；第二，什么样的工作才是一个员工心目当中的理想工作；第三，什么才是真正有意义的工作。三环中心的交集越大，这个公司的影响力和战斗力就越会超出想象。

这本名为 *Trust and Inspire* 的书也蛮有意思的。第一部分是讲未来的领导力，分析如何从一个控制型的领导转变为信任型和激发型的领导。2023 年 9 月 19 日我在郑州给我们的经理及经理以上干部做了一场主题为“激发”的分享，没想到美国出版的这本书讲的也是“激发”。书中提到，要想成为一个信任型和激发型的领导，最终底层的信念有 3 个：一个叫“你是谁”，另一个叫“你怎么领导”，还有一个叫“你为什么要连接”。这是你的终极拷问。它拷问读者，最后怎么做？真正的五大障碍是什么？我是不是失去控制了？是不是没法运转了？是不是被彻底摧毁了？是不是没有信用了？是不是没有像大家想象的那么自信了？

有人说工作是为了赚钱，那赚钱是为了什么？买房、买车，为了更好的生活。那什么是更好的生活？这个拷问非常重要。有的孩子会说，我得争口气，让爸妈过上好生活；有的孩子会说，我要争口气，将来在大城市买个大房子，结婚生子，给孩子更好的教育……随着年龄不断增长，等到你把这些目标都实现之后，就会发现，所谓的对目标的追求，其实是你自己的认知在变化。可能有的地方你没变，但总有些方面会变。没变的是你的初心，变的是你的年龄、你的认知，或者说你对自身潜能的开发程度，但最终还是回归到自己。比如说，起点是自己，终点其实也是自己，这是毫无疑问的。所以说，不管你是 20 岁、30 岁、40 岁、50 岁，还是 60 岁，其实都需要与自我对话。

自我对话特别简单，就是问自己到底需要什么，这很重要。我觉得你们不是非要有 50 岁、60 岁的人的认知，但要弄明白一个核心问题：你要什么？比如说你当下要什么？你今天想要什么？举个例子，你今天想跟 Larry 对话，就珍惜当下这个时间，把状态调整好，用你所有的精力、注意力、时间来进行一场高质量对话。

再比如，我未来一年要干什么？有人说，我的短期目标就是在北京买套房，或者在郑州买套房。这很好啊。目标很重要。那买房需要什么？需要钱。钱从哪儿来？需要服务好客户。这就简单了。如果你想得到一样东西，唯一的方法就是你能够配得上它，所以说你今天的每一个时刻，都要配得上你未来想买套房的目标。而为了买房，最根本需要什么？最根本的不是需要一大笔钱，而是你的最底层的逻辑，是你得服务好你的那些客户，或者和你共同创造价值的伙伴。那也就意味着，如果你要想有一天真正能够实现你的梦想，比如买套大房子，那么你唯一应该做的，就是在当下，你要让自己能够配得上你周围的伙伴和客户对你的期待和需求。等你满足这些条件之后，自然而然，有一天你就买到了大房子。如果你每天耗费你的人生，每天抱怨、发牢骚、情绪内耗，每天都觉得受委屈，觉得这个世界不公平，最后你还想着有一天能够买套大房子，这将是不可能的。

当我们进行人生终极拷问时，应该要想我要什么，我有什么，我有的和我要的之间有什么差距。只有通过自身的奋斗，努力把这中间的差距减小，最终才能够实现你的目标。

回到本章所讲的内容，我们每个人的人生起点毫无疑问是自己的，并在成长的过程中逐渐找到自己背后的那些支撑点。比如支撑点可以是你的家人、你的朋友、你的同事、你的书籍、你的力量等，有了这些支撑，你要建立起自我意识、自我认知、自我约束，从而自信地走向你自己想要的人生。所以，与其说你想要某个东西，不如说你要赢得你周围的支柱力量，把支柱建得更加牢固可靠，并在这一过程中不断积蓄力量，不断突破认知。

人生总会有风风雨雨，不可能一直风平浪静。中国自改革开放以来，经济增长保持较高水平。尽管近几年中国经济增长的速度放缓了，但还是保持着增长的良好态势。“双减”之后，教育在未来可能会处于增长的良好态势中。

如果中国经济增速在 5% 左右，一般来说央企增速是百分之十几，头部的民企增速可能达到百分之十几、百分之二十几，而中国经济增速在 5% 左右，这也就意味着中国有 90% 的民营企业将在未来相当长一段时间之内，可能不增长，甚至负增长。再看看日本 20 世纪 90 年代初经济增长缓慢时期，10 年前一碗面条多少钱，10 年之后还是多少钱，日本好多企业的员工工资 10 年都没有涨。你们想想，如果未来工资没有涨的可能了，怎么办？我们可能面临新常态，又该怎么办？

在过去 20 年，你到世界各地去看，会发现世界上很多国家都没有太大的变化。欧洲的变化也不大，还是那些老楼，老百姓的生活在过去 20 年间好像也没有太大的变化。过去的 20 年里，全世界只有一个国家发生了翻天覆地的变化，那就是中国。这就是我们的国情。今天，世界环境变得更复杂了，我们在这种环境复杂的年代里，更需要静下心来审视自我。一些企业家，他们的终极梦想就是做慈善、做教育，而我们一开始就做教育。如果我们好好做教育、用心做教育、用爱做教育，这将是多么大的慈善事业啊！一边做慈善，一边还有一份非常体面的工作、一份非常不错的薪酬，以及非常好的文化氛围和精神家园，那我们该是多么幸福啊！

源自：

陈向东在 2023 年 10 月 19 日高途集团“追光一期——2023 财年总裁见面会”主题分享实录

第三章　认知自己

我非常开心能够经常跟大家分享和交流，在这个过程中，我常听到3个词：漫长、尴尬、希望。经过这三个词所代表的阶段后，我们终于看到一点儿光亮了……这是我们很多人都会有的共同感受。所以，这一章就从大家共同的心境聊起吧。

今天上午，我接受了一个访谈，对我而言价值蛮大的。有一个朋友的孩子对我说他有点儿自卑，也有点儿绝望，自卑是因为觉得好像别人什么都比他好，绝望是因为他觉得自己想要的东西得不到。我一步步追问后发现，他总想要很大的成就，所以他在当下很慌张。总在想，他怎么样才能取得很大的成就？于是，他就想学一些策略和方法。但是在学这些东西时，如果他一下子学不好，或者没有别人学得好，就开始焦虑了。仔细回忆他的过往，他也觉得自己没有那么好。于是，当他一边开始后悔过往没那么好，一边又畅想未来想要的很大成就的时候，他的内心就开始纠结了。

一、我特别喜欢说的三句话

想到自己的过往，我特别喜欢三句话：

1.Dream big but do small.

我们要敢于大胆想象，同时也要做一些具体的小事。把一件件小的事情做好，慢慢就会有反馈。它要么是负向反馈，要么是正向反馈。产生负向反馈的时候，你再迭代、再刷新，然后再去做一些小事，经过反思，最后把它们做正确。做正确的时候就会产生正向反馈。于是当你做一件小事，产生了正向反馈的时候就叫小胜，这个小胜会激发你的动力，让你再去争取下一个小胜。小胜慢慢积累就会成为大胜，大胜积累到一定程度的时候，路径就清晰了，就会通往一条伟大之路，想象的事情就变成现实了。

我们都希望有一个非常好的生活。我们要想去实现大梦想，必须做的是真正抓住当下，真正去做一些小事，把小事做好。这是过往我讲得最多的，也是跟很多人分享过的一句话。

2.Dream big and execute even bigger.

我们要敢于大胆想象，也要敢于更大胆地执行梦想。我们总去想，但是不做是不行的；我们总去仰望星空，却没有脚踏实地去做是不行的；我们总是想着，有一天能够揽月、摘星，但是没有实际行动，那肯定是不行的。我相信每个人都会大胆想象，梦想取得更大的成就，但是能不能去更加大胆地实践，更加积极地执行呢？

执行应该从什么地方做起？今天早上我们一起乘车到雁栖湖，这就是执行；在坐车的路途当中，我们思考、我们交友、我们和别人互动，这就是执行；到了雁栖湖，我们进行拉练、团建，我们背诵文化词条，这就是执行；我们今天坐在这儿，这就是执行。我们如果把每一个当下都能够做得非常棒，把每一个执行的细节点通过兑换星星等各种比赛，通过各种战役不断拆解、实施，最终达成目标，当能够接近最后期望时，就能把希望变成现实了。从某种意义上讲，希望就是敢于大胆想象，达成目标就是要经过强大执行的过程。这是我经常给大家说的第二句话。

3.Dream big but relax and enjoy it.

这句话很重要。如果我们需要太阳的话，同时，我们也是需要月亮的。如果我们需要火的话，同时，我们也是需要冰的。当你越有大梦想的时候，你越要放松，然后慢慢地享受它。

我看到今天的很多年轻人在感到很痛苦、很焦虑、很纠结、很内卷的时候，会觉得自己的人生很糟糕。在这个过程中，他就无法放松，他的心是不平静的。这样会出现以下状况：该起床的时候起不来，定了 10 次闹钟，比如闹钟定了 8:01、8:02、8:03、8:04、8:05……结果一觉睡到了 10 点。起床后，头也来不及好好洗，牙也没法好好刷，饭也顾不上好好吃，到了单位还是迟到了。主管问，怎么又迟到了？他觉得主管很讨厌，心想：主管怎么能这样，我本来都不容易了，你还说我。于是，他的情绪很低落，开始恨主管。同事对他微笑，他误解为嘲笑，觉得他们都在讽刺、挖苦自己。这样下来，他工作的一天就变得很漫长，只好寄希望于明天会好一些。结果晚上回到家后却开始抱怨，抱怨同事，抱怨主管。于是，他就开始麻痹自我，产生一些负面的情绪。如果每天都这样负向循环，人生也就崩溃了。

有句话是这样说的，你花费最多时间去相处的 5 个人的平均水平，就代表了你的水平。这就像玩游戏，玩游戏升级是为了什么？就是随着你不断升级到一个新的阶段，跟新的玩家、更强的高手去玩，最后你也能够达到更高的高度。

今天我们把大家聚集到雁栖湖，是为了让大家能够停下手中的工作，让大家放松，能够去享受这段时光。如何享受呢？我认为，最好的享受方法就是你能够在这里找到你自己，能够真正做回你自己。

二、人生修炼三部曲

最近看到一本书，写得蛮好的。作者说，其实一个人真正的修炼分 3 个部分。

第一个部分是你自己，就是从自身的修炼开始。

第二个部分是你的故事，就是不辜负你的每个日子。比如我们有一个很高的目标，在实现目标的过程中，刚开始失败了，接着又失败了，但最终我们成功了。在这个过程中，每个人的性格塑造和对未来向往的塑造，所受到的影响是非常大的，这叫故事。

第三个部分是你的哲学，也就是你的做事原则。比如我们怎么去哄哭闹的 3 岁小孩子，实际上我们是用自己的理念认知去哄小孩子的。同样的道理，管理者的管理工作其实不是管理他人，而是管理自己。你把自己变成一个善良的人，变成一个阳光的人，变成一个自驱的人，变成一个自燃的人，变成一个不断打胜仗的人，进而变成一个更加自信、阳光的人，最终又让自己更加阳光、更加自驱，这就形成了我们的反馈回路的闭环。反馈回路闭环越好，毫无疑问，我们就越会有更好的状态。

把上面说的三个部分串起来，即如果说，我们从自我（self）出发，往前一路行走，过程就是我们的故事（story），最终我们到达了既定的终点，形成自己人生的哲学（philosophy），甚至别人也会因我们的经历而总结出哲学（philosophy）。

《西游记》中，唐僧、孙悟空、猪八戒、沙僧一起去西天取经。不管他们是孙悟空还是猪八戒，沙僧还是唐僧，都叫“自己”（self）。他们去往西天取经途中经历的“九九八十一难”叫“故事”（story）。最终形成了一本书叫《西游记》，书里边折射出来的一些原则、理念、启迪等，叫“哲学”（philosophy）。

大家需要思考的是，你的真北在哪里？在去往你的真北路途时，你应该遵循什么样的原则？这个原则是基于同行人一起经历的那些故事形成的，而每天的折射、回归是由你自己来完成的，这是真正的自我体现。从自我出发，你认为与大家有没有关系呢？其实是没有关系的。

举一个例子。有一个小伙伴说他到了高途后感觉非常痛苦，每天大把大把地掉头发。我问她，为什么那么痛苦？她说，我们有一个小伙伴是北大毕业的，而自己的学校没那么有名，所以很痛苦；她说，还有一些小伙伴那么漂亮，自己的长相比不上她们，也痛苦；她说，很多伙伴目标都特别清晰，知道自己 10 年后将成为什么样的人，而自己当时稀里糊涂地来到了高途，不知道 10 年后自己要干什么，也痛苦；她说，好多人能力都比较强，能把工作做好，自己现在真的做不好，感到痛苦。她和我说她要辞职，离开高途。我听完后说，为了你的身体健康，为了你不情绪内耗，为了你能够成为一个健康的人，你还是离开高途吧。

后来我问她几个问题：第一，小伙伴是北大毕业的，与你有关系吗？第二，小伙伴就是很聪明，与你有关系吗？一些小伙伴天生就很漂亮，与你有关系吗？第三，有的小伙伴专业能力就是很强，与你有关系吗？她说这些其实与她都没有关系。这些优秀的人就在她身边，本可以成为她的资源，但现在变成了她痛苦的根源，我认为这是她的思维模式出现问题了。她应该说，我现在还没那么优秀，而我周边的人那么优秀，我应该思考怎样借助周围优秀的人来让自己也变得优秀。那会是完全不同的心智模型。

公司的团建活动包括心力、体力和脑力。你要是把它们和我刚才说的三件事稍微连起来的话，便可以发现这个心力就是心，就是你的心性，就是你自己。而你的体力从某种意义上讲，很多时候是靠脚步丈量着往前走的。怎么往前走？这个走出的阅历其实就是故事。从某种意义上讲，它可以是你的哲学。如果这样讲的话，我们在日常生活中更要修炼我们的心力，锻炼我们的体力，从而不断丰盈、丰富和净化我们的脑力。

高途有“真班”“善班”“美班”，这是人才培养体系的一部分。为什么叫“真班”“善班”“美班”？一个人的成长是需要团队、需要同行者的，我们学习最快的时候就是在上学的时候，毫无疑问，我们希望大家现在也以班集体的形式来学习。我认为，如果高途的教育能够体现个性化、差异化，同时又能通过一个群体、一个团队的形式来进行修炼，那么高途的未来不可估量。

另外，“真”是你的心力，这个世界是很真实的、很真切的、很纯粹的、很纯真的；“善”就是往前走的时候，你能够对别人有价值，对这个社会有价值，它和你的体力有关；“美”是你改变世界，成了“美”的一部分，这和我们说的脑力是相关的。你学那么多的知识不就是为了让世界变得更美好吗？所以，我们的心力、体力和脑力，我们说的真、善、美，以及我刚才所讲的 self、story、philosophy 都是可以关联起来的。

三、让时间更具有价值

我们身上最宝贵的就是生命。生命最宝贵的是什么？是时间。如果时间最具有价值的话，那么对公司而言，公司的价值不就是你们在公司里的时间的价值总和吗？所以说，当你们每个人的时间都能够创造更多价值的时候，你们的单位时间能够让客户对我们产生更多信任的时候，你们在单位时间内能够让客户有更多的收获的时候，就是你们的价值最大化的时候，也就是高途的价值最大化的时候。这个逻辑其实蛮简单的。

有伙伴会说，Larry，我们是干部，是带兵打仗的，结果我们人到雁栖湖，在那儿还要 PK、训练，还不如让我们回去打仗，去服务客户。换句话说，你们的时间都很宝贵，你们聚在这里，不仅没有去带兵打仗，赚不了钱，还花费公司的钱，还要花 Larry 的时间。有些伙伴一开始是不是这么理解的？毫无疑问，我生命的这一部分时间是给了你们，如果它是很值钱的，我将把我的能量输送给你们，我走到你们的“光”当中，我的“光”和你们的“光”合到一起，那么我也追到“光”了。这时我也希望你们把我当作“光”，那能量场不就起来了吗？我们的团队不就更团结强大了吗？

我们知道，领导者他们厉害的并不仅是他们的能力，还包括他们的能量。当我们看到他们时，我们就看到了未来；当我们看到他们时，我们就看到了希望；当我们看到他们时，我们就充满了满满的活力、满满的奋斗欲望；当我们看到他们时，我们就感觉这个世界充满了阳光。

我们每个人都应该让自己变得更有价值，让我们每一个人的时间变得更有价值。当你们的时间很有价值时，假如我浪费了你们的时间，或者说我的时间很有价值，你们浪费了我的时间，我们的人生将无价值可言。所以，我希望大家停下来，放松并享受它。在这里，每个人都给自己补充能量，这种能量是精神能量，或者是思想维度的能量。当然，前提是你要成为更好的自己，你不能说自己在这里变得越来越差了，这肯定不是我们期待的样子。

十几年前，我读《我们仨》这本书时莫名地流了眼泪，自己一个人在那儿哭，我是很少看到一本书就莫名地流泪的。

跟大家分享一下《我们仨》这本书的感人片段：

有一晚，我做了一个梦。我和锺书一同散步，说说笑笑，走到了不知什么地方。太阳已经下山，黄昏薄暮，苍苍茫茫中，忽然锺书不见了。我四顾寻找，不见他的影踪。我喊他，没人应。只我一人，站在荒郊野地里，锺书不知到哪里去了。我大声呼喊，连名带姓地喊。喊声落在旷野里，好像给吞吃了似的，没留下一点儿依稀仿佛的音响。彻底的寂静，给沉沉夜色增添了分量，也加深了我的孤凄。往前看去，是一层深似一层的昏暗。我脚下是一条沙土路，旁边有林木，有潺潺流水，看不清楚溪流有多么宽广。向后看去，好像是连片的屋宇房舍，是有人烟的去处，但不见灯火，想必相离很远了。锺书自顾自先回家了吗？我也得回家呀。我正待寻觅归路，忽见一个老人拉着一辆空的黄包车，忙拦住他。他倒也停了车。可是我怎么也说不出要到哪里去，惶急中忽然醒了。锺书在我旁边的床上睡得正酣呢。

我转侧了半夜等锺书醒来，就告诉他我做了一个梦，如此这般；于是埋怨他怎么一声不响地撇下我自顾自走了。锺书并不为我梦中的他辩护，只安慰我说：那是老人的梦，他也常做。

是的，这类的梦我又做过多次，梦境不同而情味总相似。往往是我们两人从一个地方出来，他一晃眼不见了。我到处问询，无人理我。我或是来回寻找，走入一连串的死胡同，或独在昏暗的车站等车，等那末一班车，车也总不来。梦中凄凄惶惶，好像只要能找到他，就能一同回家。

锺书大概是记着我的埋怨，叫我做了一个长达万里的梦。

在读这几段的时候，我想到了我的爷爷奶奶，尽管他们走得早，但是我非常清楚地记得当时爷爷是怎么教我读书的，怎么陪着我去看满天繁星的，奶奶是怎么任劳任怨地工作的。奶奶去世后，爷爷就经常去南山上的奶奶坟前，有时候一个人坐在那儿发呆，有时候坐在那儿哭泣。一年之后，爷爷也走了。

有时候，我们读书其实读的是自己。后来，我给很多人推荐《我们仨》这本书，我推荐这本书的理由特别简单。大家知道高途有个词叫 Engagement 度。很多人问什么是 Engagement 度？ Larry 当时怎么会想到 Engagement 度？我说，建立 Engagement 度并不是因为我是教英语的，英语中 engage 的意思是“使……卷入”，engaged 的意思是“订婚的”，engagement 的意思是“婚约”。一个男孩儿和一个女孩儿相处，经过时间的考验后订婚，他们至少会达到一个非常高的相互喜欢和信任的程度，这种美妙的状态多好啊！

我记忆中有 3 个让我流泪的场景。

第一个场景是乔布斯去世时。那是 2011 年的国庆假期，我和家人一块儿坐车，我坐在前排，那个时候我的音乐智能手机能够推送信息，刷到乔布斯去世的消息时，突然泪水就流出来了。我的妻子和孩子问我怎么了，我说，乔布斯去世了。我的妻子说，这和你有什么关系，你哭成这样？我说，你懂什么呀？那种感觉就是令人心痛。我很早就特别想做点儿事去改变世界，我工作很努力，从来不觉得是在给别人打工。曾经一度有人说，陈向东不就是一个职业经理人吗？我听了后心里特别不服气。我说，我其实是一个事业经理人，虽然我不是这家公司的创始人，但是这是我的事业。

第二个场景是 2019 年 6 月 6 日高途在纽交所上市时。众所周知，高途蛮不容易的。2016 年，公司差点儿倒闭，2017 年 8 月开始陆续把 5 个 to B 事业部砍掉，聚焦到 to C。直到 2018 年 8 月份才全部解决了 to B 事业部的问题。最终我们在 2018 年底决定上市。2019 年初，我基本上处在连轴转的状态，一方面是公司快速发展，每天有好多会议；另一方面，我去中国香港、美国等地开始路演，去见投资人。那段时间特别辛苦，有时候一天只睡两三个小时。终于，我们于 2019 年 6 月 6 日在美国上市了。

那天晚上，我们包了纽交所的晚宴大厅，我喝了好多酒。据纽交所的工作人员说，高途是有史以来参加上市敲钟人数最多的公司。我们去了 100 多人，我个人买单特地把大家请过去，公司上市让大家特别开心。第二天，我醒来的时候已经是早上 10 点多了，窗帘好像没拉，阳光照射进来，暖暖的。

我打开手机一看，有许多未读消息，我说不看了，也不回了。于是我走到窗前，看着纽约的城市街道说："真好！"

回到北京后，我马上准备高途 5 周年庆，那天晚上在国贸大饭店又喝了好多酒。回到家凌晨 1 点多才睡觉，早上 5 点多起来，因为我还要去郑州中心。那天早上起来，我喝了一口水就开始咳嗽，后来咳嗽得厉害，咳了一个多月。有一天，我突然看到一本书，书名叫《日本造：盛田昭夫和索尼公司》。这本书说，当年他去美国路演，上市非常辛苦，当他回到日本后就生病了，卧床不起，连续半个月打针、输液。我看到这一段的时候，泪流满面，因为我突然发现有一个人居然和我一样，那个场景记忆非常深刻。

第三个流泪的场景是关于我的妈妈。我最担心的就是妈妈的身体，她平时身体就不太好，而在过去的几年里，我在公司接触那么多人，经常不回家。每次想回家时，我都要经历一番激烈的思想斗争。近几年我想，应该陪父母出去走一走。2023 年的母亲节时，我带着父母去了青岛，带他们去了太平山，还坐了索道。我们坐在索道上的时候，刚刚下过雨，蓝天、白云，缆车下边是触手可及的盛开的槐花。妈妈说："向东，这里真好！我的心情真舒畅。"我听到这句话的时候就莫名流泪了。那个瞬间我觉得，老人家能够感到幸福，我作为儿子，这不就是我生命中最高的境界吗？我相信很多人也都有过这种感动的时刻。

实际上，生活中总会有很多人带给我们很多的能量。当我们想起那些带给我们能量的人时，我们就会与他们产生共鸣。我们即使遇到黑暗，也会觉得前方有光，从而能够循光前行。在前行的过程中，总会有不同的人进入我们的生命中，让我们看到更耀眼的光。

四、我的人生榜样

某种意义上讲，我也希望将各位伙伴引入我的生活中，了解我的成长历程，了解我的追求。

有伙伴会问我，Larry，你的生命中有什么样的标杆人物，使你在过往的一段时间之内受他的影响很大？我首先想和大家说的是，在人生的不同阶段，对你影响最大的人是不一样的。我不知道大家是否同意这个说法。

比如，我在农村的时候，对我影响很大的第一个人肯定是我爷爷。我爷爷是村里的“话事人”，算是“大村长”，他会木匠活儿，会种地，会种植，爱读书又有文化，在村子里很有威望，大家都敬重他。毫无疑问，他是我小时候的行为榜样。

另一个对我影响很大的人是我的父亲。父亲是老三届毕业生，后来回到家种地、当小学老师。恢复高考后，父亲准备考试，上午趁着天气凉快去种地，到中午一两点热的时候，回来也不睡觉，就坐在那儿看书。母亲去井上挑回来凉凉的水，用毛巾蘸蘸凉水，让父亲擦汗。她对父亲说，你好好读书，咱得考上大学。现在回想起来，那个场景对我触动太大了，你们是难以想象的。当时，我父亲一个月工资是 5 元，如果考上大学再回来教书，工资就能涨一点儿。那个时候我就觉得父亲一定能考上大学。父亲出去读书之后，家里的活儿就没人干了。有人说，向东他们家多可怜，他爹不在家，他妈带着几个孩子，缺吃少穿的，地都荒了。我母亲很要强，宁愿自己去地里干活儿也不愿求人。我舅舅家离我家七八公里，有段时间，舅舅带着他儿子过来帮我们家干活儿……这些对于童年的我的性格塑造和品格塑造，都起到很大的作用。

伴随着成长的路程，我的行为榜样其实蛮多的。又如，某个时间段对我影响很大的人是稻盛和夫。2015—2019 年，我密集地买过几十本关于稻盛和夫的书，也做了很多的拆解。在相当长的时间内，我在大会小会上都会讲一讲稻盛和夫所提出的“6 项精进”，以及他的“经营 12 条”。

我们不妨先来看看稻盛和夫的 6 项精进。

1. 付出不亚于任何人的努力

大家想象一下，如果我们每天都能付出不亚于任何人的努力，我们就比其他人相对容易取得成绩。当我们取得成绩时，我们能够获得更多人的认可，这时我们就会产生更多的自信。当我们有很多自信的时候，我们就会挑战更高的目标。但实际上，当我们有很多自信的时候，我们就很容易骄傲。怎样才能不骄傲呢？

2. 要谦虚，不要骄傲

每天都告诉自己要谦虚，不要骄傲；每天都告诉自己保持愚蠢（stay foolish），保持饥渴（stay hungry）；每天都告诉自己保持初学者心态，这样你就会进步更大、成长更快。如果你每天都能付出不亚于任何人的努力去工作，那么每天就能够取得比别人更好的成绩，每天就能够获得来自客户、同事或上级的认可，每天就能够不断地积小胜为大胜，每天就能够打胜仗，每天就能够获得更多的荣誉。然而，你也有可能骄傲，觉得自己很厉害。这个时候让你谦虚是很难的。是的，你虽然能告诉别人你真的谦虚，你没有骄傲，但是你骨子里依然是不谦虚的，依然是骄傲的。当你发现你真的很优秀时，你怎样做到不骄傲呢？

3. 要每天反省

你每天都要自我反省、自我批判。什么叫自我批判？当你很优秀的时候，如果每天做自我批判，你会发现自己还是有上升空间的。如果你们问我，Larry，你有一个什么样的品质值得我们学习？我会说，我有一个强大的自我批判能力值得大家学习。大概从我读师范开始，我就养成了自我批判的习惯。我们为什么去跑步？因为我们要消耗掉身上多余的脂肪和赘肉，相当于通过肉体的所谓自我批判来让自己变得更加健康。我们为什么要去自我批判？就是要把精神上多余的东西消耗掉，最终让我们变得更加智慧和健康。我们为什么会读很多的书？因为我们能够从书中找标杆、找榜样、找方法、找经验、找真知、找真理，最终的目标不就是为了我们能够去自我批判、找到差距吗？所以，自我批判是使自己和别人之间拉开差距的非常好的方法。

4. 活着，就要感谢

当下每一个日子能好好地活着，我要感谢爸爸妈妈给了我好的身体，我要感谢今天的时代给了我无限的可能性，等等。当我把这些事情都融入内心世界时，我每天真的很感恩。有人说，那个人好有能量，他的能量是从哪里来的？能量是世界万物给他的，能量是朝着能聚引它的地方去的。

你给他人一个拥抱，他人就会拥抱你；你给他人一个微笑，他人就会给你一个微笑；你给他人一份认可，他人就会给你一份认可；你给他人创造真正的价值，他人就会给你相应的报酬。所以当客户愿意和我们合作的时候，我们要感谢客户。

如果我们活着就要感谢的话，那么我们怎样才能够表达对别人的感谢？什么才是最好的感谢方式？

5. 积善行，思利他

感谢他人不只是口头说“谢谢您”，而是体现在你的行动上、你的认知上、你的心性层面、你的思维模式层面、你的冰山之下层面。你不仅要每天都做有利于他人的事，还要每天都思考怎样能够对他人更好。作为高途的创始人，我每天早上醒来后都会想：我做哪些事对高途伙伴的贡献更大？我做哪些改善对高途伙伴的贡献更大？我和高途伙伴们一起做哪些事，才能对社会的贡献更大，才能对中国教育的影响更大？

6. 不要有感性的烦恼

我们每天做善事，每天都在利他，如果没有人赞同，你可能会感到很痛苦，觉得社会对你不公平。这个时候就不要有感性的烦恼。

我们再看看这个逻辑。如果我们每天都能付出不亚于任何人的努力，我们就能取得成绩，但我们取得成绩后容易骄傲。怎么能够让自己不骄傲呢？那就需要我们每天自我反省、自我批判。如何自我反省、自我批判呢？那就需要感谢自己每天积善德、思利他。如果他人不感谢你，让你烦恼怎么办？这时就不能有感性的烦恼。

有人说，我真的很烦、特别痛苦，这个时候应该怎么办？稻盛和夫说，当你非常烦的时候，你要迅速把你自己投入努力工作当中。如果你付出不亚于任何人的努力去工作，你就没有时间烦恼。这样下去，你就会进入另外一个反馈，最终就会形成一个完美的闭环。

当你不开心的时候，你就聚焦于努力工作，聚焦于创造价值。我问大家，如果你在家里和爱人吵架了怎么办？你需要聚焦于能够被家人共同认可的一些事。我们想想，这是不是一个闭环？如果我们每天都努力工作，保持谦虚，保持初学者的心态，我们每天都自我反省、自我批判，感恩这个时代，感恩周边的伙伴们，同时我们每天都积善行、思利他，那么我们就会没有什么烦恼，开朗乐观。形成这样的人生飞轮，就是我们认为的每日精进，这就是我的认知。

我每天付出不亚于任何人的努力去工作，不是为了你们，我是为了自己，因为这是我的生命。如果我没有这么做，很多时间用来游山玩水、享受人生，那么感性的烦恼就会来了。当我们专注于做一件事时，就会进入心流状态，也就没有烦恼，因此能够聚焦，就容易产生和社会的共鸣，进入幸福的汪洋中。同时，我们身上的能量就更大，甚至有可能达到一个难以想象的段位。

生活中，我们经常听到一些古人富有智慧的话语，如“业精于勤，荒于嬉”“满招损，谦受益”“每日三省吾身”等，对此我深受感动。

我是怎么做的呢？第一，我准备基于稻盛和夫的六项精进，根据我的人生法则做一些总结，精进为我自己的版本。总结过往的这么多年，发现我确实是非常努力的。第二，在工作中，我会不断地给自己制定更高的目标。第三，我将一直做教育，我认为教育就是利国利民的大善事。我是善于反思的，我的学习能力也是非常强大的，我的心底是善良和感恩的，这使我在感恩的心境、心态上超越了很多人。当然，我也有忧愁、苦闷的时候，但更多的时候，我是很乐观的。

接下来，我们一起来看看稻盛和夫的“经营 12 条”。如果我们记住这 12 条并且真正搞懂的话，它们能发挥的价值是非常大的。我认真推演过，思考他是怎么来解读这 12 条的。

稻盛和夫经营过几家世界 500 强企业，每一次给核心干部开会的时候，他都会讲这 12 条。

1. 明确事业的目的和意义

首先你要明确做这件事的目的是什么、意义是什么，同时你应该给小伙伴们不断地讲述我们做这件事的目的、意义。我们只有自己找到目的、意义，才会让我们的伙伴们感受到这件事的目的、意义。就像是让我们的伙伴们感受到了光，并且引导伙伴们去追逐这束光，从而明确人生的定位。

一线的伙伴、普通的伙伴工作的目的就是赚钱的话，我认为没有问题。但是，当你做了主管之后，如果还只想着赚钱的话，就会忽视事业的价值，迟早有一天你会失去方向，不知所措。如果你明白了事业的意义所在，虽然你很多时候也想赚钱，但你可以先朝着这件事的意义往前走，突然有一天，你会发现钱会跟着你走，这是绝对的法则。有人说，我努力半年了，怎么就没有一点儿成就感呢？可能因为你去了一些糟糕的公司。我认为，在高途这样的公司，如果你明确做事的目的和意义，成就感自然而然会来。

2. 设定具体的目标

我们都知道SMART原则，即S（Specific）具体的，M（Measurable）可测量的，A（Attainable）可以达到的，R（Relevant）相关的，T（Time-bound）有一定的时间限制的。我们既然明确了做事的目的和意义，就要设定具体目标，并且这个目标能够按照SMART原则来展开。可以这么说，我们把日常工作，包括年度计划付诸行动的过程中，其实就是从零开始的，也是从我们的目标开始的。

3. 胸中怀有强烈的愿望

当你设定目标，尤其是高目标的时候，你心中要怀有强烈的愿望，即这个目标是我能完成的，这个目标是我和我的团队通过努力一定能够完成的。

4. 心怀愿望付出努力

我们要有愿望，且付出不亚于任何人的努力。

5. 销售最大化，费用最小化

这句话价值连城。有些人会说，我这个月做了500万元的业绩。其实，它叫销售额，你还要看看自己付出的费用是不是最小化。有的伙伴用ROI来计算自己的效益，其实，衡量的真北指标是转化率。比如，今天的流量可能比人才还贵，当然人才也很贵，在两个都变得很贵的前提下，你要考虑，流量怎么更精准，伙伴的挑选怎么更精准，流程怎么更精准，配套产品怎么更精准，所有的链接怎么更精准。最终才能使销售额是最大化的，费用是最小化的。

6. 定价即经营

这句话博大精深。要先把它背会了，等以后你们团队说这个产品怎么定价的时候咱们再来讨论。我举一个引流转化的例子：0元、1元、3元、9元、19元、29元、49元、99元、199元、599元、1999元和3999元的产品，它们针对的客户是完全不一样的。很多时候，经营的灾难就是因为定价不清楚。高途曾经犯过价值与授权不匹配的错误。当年，我稍微一恍惚就出现灾难了。所以说授权不是放权，放权不是放任，有些是可以授权的，有些是不能授权的。其实，定价这个权利不能随便授予经理，也不能随便授予主管，而应该由业务一号位人员认真思考来定价。

7. 经营取决于坚强的意志

在经营过程中，总会有各种各样的挑战，总会有各种各样的外部冲突，总会有各种各样的试错，这时候，坚强的意志非常重要，“有志者事竟成”。

8. 燃烧的斗魂

为什么公司要进行战役、进行拉练，要鼓励我们敢于冲锋、敢于胜利，因为我们要激发每个伙伴燃烧的斗志。如果你一上班就蔫儿了，感觉上班很痛苦，那你来公司干什么呢？因此，我们要激发每个伙伴的斗志，让其燃烧起来，不辜负在公司的每个日子，认为自己每天都充满朝气，每天的日子都富有激情。

9. 临事有勇

当一个重大事件突然发生时，你要有胆量、有勇气，这个很重要。高途在2016年时，账上没钱了，有些人就离开了。2021年“双减”政策施行，有人说算了，教育行业不行了，要做别的行业了。临事你没勇，那你再换其他事做就一定能成功吗？我认为大概率还是失败的。

10. 持续从事创造性的工作

市场在变，需求在变，客户在变，竞争对手也在变，我们必须不断保持创新，来满足客户需求。

11. 以关怀之心，诚实处事

这一句话跟我们的诚信价值观是完全契合的。我们有一年，曾经用“尊重伙伴”来定义战略，完整来说，就是“狠抓质量，尊重伙伴”。我们不少干部没有把伙伴当伙伴，而是把伙伴当成一个个能够呵斥的下属，当成一个个可以使用的工具，有着这样的心性，谁会跟你往前走呢？

12. 保持乐观向上的态度

稻盛和夫每一次培训就讲这 12 条法则，他让员工围成一圈，让每个员工都讲讲。比如说，你做一件事，第一，你做这件事的目的是什么？你认为它的意义是什么？第二，你的目标是什么？第三，你的强烈愿望是怎样展现的？第四，你每天的工作时间是怎么计划的？有没有做到付出不亚于任何人的努力？第五，你付出的费用到底怎么样？有利润吗？第六，你是怎么定价的？你是怎么思考客户的？第七，经营取决于坚强的意志，你在经营中是怎样展现出你坚强的意志的？第八，你采取了哪些措施让伙伴们拥有燃烧的斗志？第九，什么样的重大事件更加激发了你的勇气，激发了你的正直？第十，你要怎样不断创新和创造？第十一，你怎样关心你的伙伴？怎样很诚实地面对那些可能的冲突？第十二，你是怎样永远保持乐观向上的态度，从而走向我们共同的未来的？回答这 12 个问题是不容易的。

我们来看“经营 12 条”的时候，可以从第一条开始慢慢走，最终形成一个闭环。我把它们倒过来说，如果我们每天都抱着一种乐观向上的积极态度，我们就可以不断认知我们所做事情的目的和意义，我们就能制定具体的目标，就能够产生强烈的愿望，就可以付出不亚于任何人的努力，就会懂得真正的经营者思维，就会懂得“定价即经营”背后的哲学，就能够拥有坚强的意志，能够引导伙伴们都拥有燃烧的斗志，能够临事有勇，能够不断从事创新和创造，能够关怀他人，诚实处事，最终必然取得很好的结果。结果正反馈就使得我们每一个伙伴都有乐观向上的真挚态度，因此就更加开始向往并追逐我们的事业。这个时候你会发现，表面看起来是我们从前到后，但其实是我们从后面倒向前面的。

五、高途的“五大天问”

伙伴们，还记得高途的“五大天问”吗？

1. 我们的核心客户是谁？当下有变化吗？

2. 我们的核心客户的核心需求是什么？当下有变化吗？

3. 我们的核心客户的核心需求的核心产品是什么？当下有变化吗？

4. 我们的核心客户的核心产品的核心销售系统是什么？当下有变化吗？比如以前是微信场景，现在变成了抖音、短视频、视频号、小红书等，你们是怎么应对变化的？

5. 我们的核心客户的核心产品的核心销售系统的核心工具是什么？当下有变化吗？

当我们把这些想清楚之后，才能够谈论真正的经营。因为不同的客户背后是不同的定价，所以说定价就是经营。

当我试图去理解稻盛和夫的时候，我不断地拆解，才发现其背后的底层逻辑都基于一个最基本的东西，就是“作为人，何为正确”。我们把“作为人，何为正确”这个出发原点思考清楚了，后面所有的问题就能懂了。

我们的生命很有价值，我们的时间很有价值。当你放低标准来做事的时候，你的时间也就变得没有价值了，这相当于你在“自杀”；同时，你自己的低标准也会浪费伙伴们的时间，这相当于你在“谋杀”。这在一个组织当中多么可怕！

道理非常简单，组织就是这样的。你不能说，我就偷点儿懒怎么了？这家公司怎么能这样？如果我们要想让我们的时间变得非常有价值，就要让身边伙伴的时间也非常高效。当伙伴和我们一起通力协作时，我们的时间就能够创造出价值，使得我们的时间真正有价值。所以，我们每个人都要有高标准，我们每个人都要有一样的价值观，我们每个人都要寻找到我们共同的真北，我们每个人每天要付出不亚于任何人的努力，我们要谦虚，我们要自我反省、自我批判，我们要感恩，我们要做好事，我们要每天都乐观。

“6 项精进”是针对精神层面的，或者说是心智层面的；而“经营 12 条”指的是做事层面，或者说是工作层面，具体说是执行层面的建议、准则。

我为什么喜欢读书，因为读书过程中有快感，有正反馈。更重要的是，读书会消耗我的时间，而时间就是我生命的一部分，这相当于我把生命中的一部分拿去读书了，我希望我的生命更有价值。当然，读书给我带来认知，最终带来的财富也会更多。

“书中自有颜如玉，书中自有黄金屋”，中国人的智慧难以想象。现在有多少人会静下心去读一本好书？事实上，很多人刷个剧、刷个抖音的工夫，时间就过去了。我现在有时候晚上 12 点还在刷抖音，但只要稍微多看两分钟，我就退出来，否则就停不下来。有些年轻人哪能抵挡住这些。如果自控力不强，他每天就会像无形中被控制了一样，一直盯着手机屏幕，停不下来。

前段时间有一部电影叫《孤注一掷》，很多人都去看了，我以前不明白，为什么有人会被电信诈骗，看了《孤注一掷》后我懂了，就是因为人性的“贪嗔痴”。有句话说，人有两颗心，一颗是贪心，一颗是不甘心。

我们每个人的人生出发原点永远是自我，你自己变得更好了，才能够配得上你要的东西。“你要东西”这个过程中，会有你的故事。当你得到了你想要的东西时，你会付出一些努力。你要有斗志，你要坚韧，你要有勇气，你要感恩，你要乐观，这些会形成你人生的哲学。人生就像爬山，越是往上越陡峭，所以你更需要依靠团队的支撑。换句话说，团队能够使你朝着一个更好的方向前行。

我们把大家集中到雁栖湖，是为了让我们重新回归到自己的内心，重新来审视自己的内在，重新展望我们在未来的人生路上将如何设计自己的故事，最终能够让我们有一些人生的信条和信念，而这些信条和信念能够使得我们周边的人对我们产生信任。

源自：

陈向东在 2023 年 10 月 20 日高途集团“追光一期——2023 财年总裁见面会”主题分享实录

第四章　终身成长的优势

我认为我们在人生紧要处的方向抉择很重要。方向错了，你再辛苦也不可能达到目标；方向错了，不管付出多少倍的努力，你都是南辕北辙。正确的思维方式能够带来终身成长的优势。

一、方向错了，停止就是进步

有本书名为 *Flip Thinking*，flip 是翻转的意思，也就是改变，那么要改变什么呢？要改变的是你的思想。对于不同的群体，要想准确表达是一件非常不容易的事情。比如我在孩子面前可能会很直接，1+1 就是等于 2。但是，我和你们在讨论这个问题时，可能会犹豫一下，因为有时候 1+1 是远远大于 2 的。所以，我想 flip thinking 指的就是思维的事，思维的事大于所有一切的事。

有一次，我和一个团队吃饭，有几个北大毕业的小伙伴，他们进入高途有一段时间了。我说："你们都才 20 多岁，你们觉得未来的 5 年里，想要成为什么样的人？"有一个伙伴说："不知道。"我说："你可以问我一个问题。"他问："我怎样能够找到人生目标？"我说："从小父母给你那么好的教育，你还考上了北大，怎么能没有清晰的目标呢？"他说："我父母就是农村的，家里很穷，我就好好读书，我的成绩很好，就考上了北大。考上北大之后，发现周围的人都很优秀，好多人的家庭条件都那么好，他们都有好多见识，所以我真的是完全被打垮了，过去几年就是在这种垮掉的状态下度过的。"他又说："Larry，不瞒您说，我在北大这几年极其痛苦，我觉得自己什么都比不上别人，在学校时就一直担心，我到社会中该怎么办。”我说：“你带着这种心境来高途工作，怎么能够找到自我呢？”我想说的是，他虽然考上了北大，但他在北大这几年，整个人却过得如此犹豫、如此纠结。

我让一位干部问他一个问题。那位干部问他：“你在上北大之前的思维模式是怎么样的？”他说：“我在上北大之前，觉得我就要改变世界。”干部继续问他：“那你上北大之后，你觉得北大和你想象的一样吗？”他说：“北大和我想象的一样，是真的好，远远超出了我的想象，里边的人才太多了。哪里是我能改变世界，分明是别人要改变世界，我很难赶得上。我在后面越跟不上，就越发自卑。”

如果非要给大家一些成功法则或者人生妙药的话，我想说必须有不一样的思维，你才能成为自己。在 *Flip Thinking* 这本书中，作者说，人这一辈子就四件事：首先是爱。比如爸妈爱我，我爱爸妈，有个女孩/男孩爱我，我也爱她/他，这叫爱。其次是工作。工作中就会有同事，可能也会有爱，那就是另外一个层面了。一般情况下说家是爱，公司是工作，这是一个维度的人生衡量。另外，如果我们忘掉工作，第三件事就是开心，像做游戏一样玩玩，也就是玩耍，否则会觉得好难啊，此时我需要战斗，即第四件事也就是抗争。总之就是要么玩，要么战斗。

大家可以想象一下这 4 个维度：第一是爱，第二是工作，第三是玩，第四是战斗。

生活中当然会有战斗。比如，你觉得主管不好，你跟他战斗；父母好苛刻，你跟他们战斗；你觉得生活好像看不到亮光，每天都失眠，你要战斗；

你想赚更多的钱，让生活过得更好，你更要战斗。你每天都生活在战斗当中，战斗多了，玩少了，人生就不均衡了。你有没有发现，如果一个人老是在玩，肯定也会感到乏味。如果一个人的人生没有高目标或者总是为了高目标而战斗，那么他也会崩掉的。所以说，一方面，你要有高目标，另一方面，你还要通过一定的方式方法去实现它，这样才能达到一个相对均衡的人生状态。

比如美食，有时候我们得放开吃一吃吧？不少人说要减肥，可你不能为了减肥就不吃任何食物，太过于自律也可能会让人崩掉的。我见过一些人特别自律，甚至自律到 50 多岁，突然有一天，抑郁了。2017—2018 年我在清华五道口读书，我们班里有几十位上市公司的 CEO，几年过去了，有一些 CEO 的状态真的挺不好的，和他们聊天时会发现他们的眼神是飘忽的，说明在这一波大的变化中，他们没有很好地度过这个阶段。

我们每个人每天都有期待值，也有一个期待达成的值。在期待和达成之间，如果它们相对均衡，你会觉得还不错，如果超过期待值，你会高兴，而如果没有达到期待值，你会有点儿失望。但是，如果你总是高兴，这说明目标不够高；如果你总是失望，就有可能对生活失去信心。

有人问，我的下一个目标在哪儿？我应该怎么做？有人说，我真的想赚很多的钱，我该怎么办？我说，首先你要改变思维模式。

有人说，我现在在高途工作，我想知道高途到底适不适合我，我怎么才能与高途很好地融合起来？我说，请改变你的思维模式。

我还问过一个在职的清华毕业生，他是 1992 年出生的，已经工作几年了，跌跌撞撞地换了 3 家公司，我问他未来 5 年想干什么？他说，我也不知道，我就是想把当下的事做好，以后怎么样我真的还没想。我听了以后，一方面感到蛮高兴的，因为他能够立足于当下；另一方面，我心里还是有点儿为他担忧，因为他没有想清楚自己的未来。

近段时间，《为什么伟大不能被计划》（*Why Greatness Cannot Be Planned: The Myth of the Objective*）这本书我经常提及。这本书表达的意思是，你认为那些很厉害的人很伟大，你问他伟大是他从小就计划出来的吗？肯定不是。

我本人可以算是一个例子。我小时候家里那么穷，常常吃不饱肚子，母亲只有小学二年级文化，父亲是老三届毕业生，高中毕业就在农村教书、种地。在那种情况下，我唯一的梦想，或者说所谓的“伟大”就是能读大学。后来因为家里穷，读不起高中，我 14 岁就读了师范，17 岁就去工作了。但工作之后，我也没有放弃，我用了一年的时间自学了专科的课程。读专科时，我觉得我要和别人有不一样的思维模式。当时，我身边的人一般都去读语文、数学、化学相关的专业，但我读了最热门的一个专业，叫电子技术。那是 1991 年，我学习了模拟电子线路、数字电子线路、微积分、Basic 语言，也就是最基础的计算机语言的入门课程，也写过非常简单的代码。在那样的一种场景下，我人生的一扇窗就被打开了。

当时我们班的一个同学要考哈尔滨工业大学的研究生，我也想考，我准备考的专业是信号系统与工程，当然后来没有成功。那时老家的人都说应该去考中国人民大学。当时人大的地位很高，人大毕业基本上都是去做官的，比如可以去各个部委。但我选人大，主要是因为人大的经济学特别牛，后来，我终于考到了人大经济学院国际经济系。

我是怎么计划我的人生的？我到了人大经济学院国际经济系之后，发现系里的学生出国比例特别高，我们班一半多的学生都在准备出国留学，那时我才知道有一家公司叫新东方。有一天，我问班里同学，新东方的老师讲课怎么样？他们说，你也可以去新东方讲课，你的口才那么好。我说，那我去试试，结果通过了，就有了后边的故事。

正是因为国际经济系有很多想出国留学的人，我才知道了出国留学；正是因为他们说你也可以去讲课，我才真的去新东方当了老师；正是因为我在新东方讲课讲得还不错，后来才一步步当助理、当校长、当副总裁、当高级副总裁、当执行总裁。就这么神奇。

之前我从来没有想过自己创业，一直想着的是要把自己的工作做到最好，要把自己的责任担当到最好。谁承想到了2012年、2013年时，移动互联网兴起，有了和教育场景结合的可能。当看到三星出的大屏幕手机时，我就睡不着觉了，因为我想到了当年学过的计算机，这其中涉及Basic语言、信号与系统，以及学的从0到1的无穷无尽的美妙组合，就觉得教育应该要被改变了，就觉得技术和教育的结合肯定会带来改变。

在哈佛商学院学习时，给我们上课的就是非常著名的克里斯坦森教授，他著有畅销书《创新者的窘境》（*The Innovator' s Dilemma: When New Technologies Cause Great Firms to Fail*）。我身边的很多创业者、企业家都读过这本书。他得过癌症，身体一度出现了很多问题。但幸运的是，他给我们上过两次课。他有一门课叫“你该如何衡量你的人生”，其中一个著名的观点是：任何伟大的、重大的创新往往发生在企业外部，而不在企业内部。即如果你要做的这件事非常重大，但和你原有的商业模式不一样的话，它一定只能发生在企业外部，而在企业内部做颠覆性创新基本上不会成功。这段话对我触动特别大。后来我就反复思考我要做的这件事，其实和新东方当年线下的场景真的是不一样，我要是在新东方做，肯定做不了，肯定不会成功，所以我觉得应该停下来。认真推演之后，我决定离开，然后用了近一年的时间做了工作交接。

2014 年 6 月，我和十几个伙伴创办了高途，当时叫“跟谁学”，大家应该都知道。创业过程蛮不容易，高途是一路跌跌撞撞地走到今天的。

高途其实做了很多重大创新。以前，新东方主要做线下教育，线上做的是录播课。在创办高途后，我们做的第一件事是在 2014 年 7 月组建了音视频直播技术团队，开始开发音视频技术。2015 年 3 月，我们做了 3000 多人的在线直播大班课，采用的是自己研发的技术。到了 2015 年 9 月，我们就做了万人的在线直播大班课，这在行业中绝对是创新的。同时，这就是高途公司的逻辑底层。

回顾高途的发展历程，2014 年开始做 O2O，在 2015 年底做了 5 个 to B 服务的变现模式。2015 年底开始筹划和孵化高途，2016 年 1 月组建团队做高途课堂；2016 年 11 月单个老师产品运营闭环的 MVP 跑通，2017 年 3 月单个项目产品运营闭环的 MVP 跑通，2017 年 8 月高途 all in 在线直播双师大班课，2018 年全年实现规模化盈利；2019 年 6 月，高途就在美国纽约证券交易所成功上市了。

我小时候哪能想到今天会站在你们面前，从我的经历来看，我也是跌跌撞撞地走到今天的，并不是按照计划走到现在的。在创业的几年中，高途有几次差点儿没了，这是我真想不到的。所以，我认为“伟大是不能够被计划的”这个观点是对的。

很多人都想在将来有一天变得伟大，那我们怎么样才会变得伟大呢？我试图从以下 5 个维度来拆解。

1. 根据反馈及时调整

就像我刚才讲的，你在往前走的时候会收到反馈。如果你发现没走好，那么得到的就是负反馈，你就需要换个方向继续往前走。一旦收到了正反馈，你就可以继续沿着这个方向走，慢慢就走出一条光明大道了。就像“摸着石头过河”这句话，你摸着石头过河，感觉到鞋快湿了，就马上调整。

2. 转换思维模式

有的人看到河会说，万一我跳进河里被冲走了怎么办？可见，悲观主义者是在机会当中看到困难，而那些乐观主义者是在困难当中看到机会。河就在那儿，其实那是个机会。当你说“我不敢跳进河里，万一我被冲走了怎么办”时，你看到的是困难，而真正厉害的人会说“这条河我一定要过去”，这是一个思维模式的差异。

3. 从小事做起，积小胜为大胜

有一句话叫“梦想很大，但行动很少”。我们在敢于大胆想象的同时，还要做一些具体的小事。把小事做成一个小胜利，然后积小胜为大胜，最后不就取得成功了吗？高途的伙伴们不缺乏梦想，不缺乏大胆想象，缺乏的是做小事的能力、精神和气概，真正要从小事做起其实是蛮难的。“不积跬步，无以至千里；不积小流，无以成江海。”但是，又有多少人愿意坚持做小事？很多时候我们要积累量变，慢慢地达到质变。

4. 大胆想象，极致执行

工作中，我们可以大胆想象，但在执行的时候需要极致地去执行。其实，一家公司的理想目标就在那儿，你怎么去拆解、怎么去执行这个目标是非常重要的。只有不断地拆解、不断地极致执行，慢慢地你才能走向成功。

5. 发挥自己的优势

很多人希望能在小事中慢慢地成长，但最悲惨的是，你在做小事时发现周围的人都比你优秀，可能就会觉得“我就这样了，我不会有什么发展了，我一辈子就在这儿了”。如果这样的话，你可以换个思维模式来思考：别人为什么优秀？别人优秀背后的原因是什么？当你弄明白了这些情况后，你就有了一定的成长。

举一个例子。刚到北京时，我的一个同学的爸爸是中国名牌大学的常务副校长，他自己也是名校毕业，他讲话时那种谈吐、那种气势都与一般同学不一样，令许多同学羡慕；另一个同学的爸爸是某地级市的市委书记，日常找他的人，以及他的圈子真的令人羡慕；还有一个同学从人大本科毕业，成绩特别好，教授对他喜欢得不得了。我就是在这种场景下成长起来的。我本科不是科班出身，之前学的是电子技术，经济学知识很匮乏。那时候我该怎么办？我想，我得制定所谓的战略，我得去补经济学知识，把研究生课程学好，考试考好点儿。另外，我还得赚钱，这对我而言非常重要，当时我已经结婚了，没钱在北京怎么生活？

那么我是怎么做的呢？第一，我给自己订出了很清晰的目标；第二，我掌握了学习的方法；第三，我还要保持健康的身体。想要保持健康的身体，我是怎么做的呢？我每天坚持跑步，晚上冲冷水澡，锻炼身体。那个时候，我知道周围同学都那么优秀，我应该向他们学习，我的身体不能被压垮了。

我不知道你们是否明白我的意思，我的解决方法就是锻炼身体。我发现，人大的很多同学是不冲冷水澡的，而是找一个阳光充足的下午，端着盆去学校澡堂洗澡。我每天晚上跑步回来冲个凉水澡，既锻炼了身体，也节省了时间。我在内心深处正向激励自己，有了好身体才能更高效地学习，这让我有了这方面的一点儿自信。

另外，我认为要高效利用时间。在宿舍里最容易浪费时间，中午大家聊聊天，睡睡觉，晚上再聊聊天，时间就过去了。我的做法很简单，早上出去时拿着一天学习要用到的书，中午不回宿舍，舍友一天都见不着我。晚上跑完步冲个凉水澡，就留大概 10 分钟跟舍友聊天，然后我就睡了。这样一来，我每天的学习时间比他们长，跑步后睡觉还睡得香，第二天我的精力更充沛，每天可能比他们多两三个小时的高效学习时间。还有，我在人大读书的时候，上课都坐在第一排，这样就能让我很专注，不会受其他人影响。

我在人大读的是三年制硕士，但是以我的成绩两年就可以毕业了。我是那届唯一一个读两年就可以毕业的人，我在经济学院的成绩是第一名。那时候我已经在新东方讲课了，后来做了俞敏洪老师的助理。虽然那时我做了许多事情，但我的成绩依然是第一名。原因在哪儿？我掌握了学习的方法，时间管理做得还不错。

我推荐你们读《知真思维模式》。我觉得把它弄懂蛮难的，把它弄懂并且真正践行下来更难，如果真能做到这一点，它就会成为你的逻辑思维底层。

我们怎样能够真正转化思维模式？任何场景下，只有你的思维转化了，思路转化了，你选择的出路才有可能不一样，你选择的规划才有可能不一样，最终才有可能走到你希望走到的地方。

二、“选择”是人生的最高杠杆

人生这一辈子，选择是最高杠杆。前面说的思维模式是你的内在，但是外在方面，你的决策、你的选择则是你人生最高的杠杆。

在读小学、初中、高中时，可能爸爸妈妈帮你做了很多抉择，直到上了大学之后，很多选择和决策才开始由自己来做。我们经常说“大一不相上下，大二开始分化，大三两极分化，大四天上地下”，这是因为上了大学之后，大部分决策是自己做的，不同的选择会带来不同的结果。

我发现，那些成功的人，他们的决策基本上是自己做出来的，而不是父母帮他们做出来的。我特别喜欢读书，我在读书中慢慢地找到了一些基本的密码。比如戴尔电脑创始人 Michael Dell，他当初想创业时，父母是坚决反对的，但他坚持做，最后就成功了。比尔·盖茨当年从哈佛大学辍学时，他的父母也是不同意的。我只是用这些名人的例子告诉大家，上了大学之后，我们的父母就很难帮助我们做决策了，因为他们对我们的信息掌握得不全面，因此在更多的层面上，我们要自己做决策。如果在大学期间我们善于和勇于做决策，那么我们和同学之间的差距就不会太大。

当我们参加工作后，90% 的选择都是我们独自做的。所以，我们最后能发展成什么样，取决于我们自己独自做决策的质量。

我前面提到的那位清华大学毕业的伙伴，他的第一份工作是在建筑设计院，待了六七个月后，他发现自己压根儿对这方面不感兴趣，于是去了一家有十几个人的小规模教育培训公司。做了几年发现还不行，后来去了字节跳动做教研，结果发现字节跳动的发展理念和自己对教育的认知不同频，再后来就来到了高途。我不知道你们发现问题没有？他是清华本科毕业的，多优秀啊，但他在就业过程中做的三个决策都比较糟糕。以往的决策做错了，那今天能不能在高途做出好的决策呢？

我跟他说，他其实需要做很多改变。跟他聊天的时候，我发现他心地特别善良，眼神还是清澈的，一看就知道，在过去的六七年工作期间，没人教他，也没人带他。

伙伴们由于各种原因来到高途，毫不夸张地讲，第一，高途在中国肯定是一家优秀的公司，它也是一家美国上市公司；第二，高途也曾经是市值达到几百亿美元的公司；第三，高途是一家真正的人才密集、以人为本的公司；第四，高途是真正讲究企业文化的一家公司；第五，高途真的是把伙伴文化看得非常重要的一家公司。但是，现在有很多伙伴可能第一份工作就在高途，他们没有在外面工作过，不知道外面的工作是怎样的，没有经历过社会的“毒打”，总在想着去外边是不是会更好。你要知道，遇到一家好公司，应该学会珍惜它。说到底，你要做好你人生的决策，这是非常重要的。

我的人生决策很简单。我在县城和小镇待了10年，那是我没法选择的。1998年我到北京读书，1999年底到新东方教书，2014年初离开，前后十多年，这些都是我自己做出的选择。后来因为遇到一波移动互联网风口，有机会出来创业，更是我做出的人生最重要的决策。我大概就是这三段经历。

我在这里给大家提 2 点建议：

1. 找到你这一辈子热爱的事

当你在人生的关键岔路口做一个抉择时，请记住这个抉择将会影响你的人生，度量你的人生价值，这个抉择要么牵引你往上，要么牵引你往下。有人说，我现在还小，大不了我输就输了呗。你说得对，我同意你说的，但大家永远记住，那些真正做成大事的人，他们在每个选择中都会尽量做得很好。现在信息更加全面了，谁决策的质量高，谁最后取得的成就自然就比别人大，这是永恒的。有一句话说，最重要的是你要找到一条长长的厚厚的湿湿的雪道。“长长的”代表市场规模很大，“厚厚的”就是毛利润比较高，“湿湿的”就是和大家的互动黏性比较多。我们要找到这样一件事情来做。

类比到我们的人生选择，“长长的”就是你能在你选择的这件事上做足够长的时间，“厚厚的”就是你在这个过程中能学习足够多的东西，“湿湿的”就是你人生中可以永远保持着向上的、阳光的心境和心态，做到了这几点，那么你的成就就有可能比别人更大。人这一辈子最幸运的就是在相对比较早的时候，能够找到自己热爱做的事。你越早找到这一辈子你要做的事，然后不断改善、不断迭代、不断刷新，通过日积月累幂次方的一个计算方法，你就越有可能创造出别人完全创造不出来的价值。它的核心点是你怎样找到这一辈子热爱的事。我觉得这是对人生非常重要的一个拷问，也就是说，你的决策质量决定着你的未来。

2. 制定清晰的目标和计划

我们的每一天应该怎么度过，这是非常关键的。我们有一个基本的管理方法，叫 PDCA，P 是计划，D 是做，C 是检查，A 是调整。如果你每天都有一个目标，然后你坚持做它、检查、调整，最后你就可以做得特别好。

我现在更会定目标了。你们都知道，我已经工作 36 年了，所以在制定目标时，我有一套自己的方法论。我希望尽量能够打造一种叫“无中生有”的境界。什么叫“无中生有”？它其实是“无我”的，但会慢慢地过渡到“有我”，我在里边，慢慢地又变成“一无所有”的一种状态。这是我自己追寻的。

我像你们这么大的时候是怎么做计划的？

第一，当年教书时，我每天晚上睡觉前，都会写这一天我大概有什么地方没做好，或者有什么事需要做，明天优先要做哪些事。有时候我会列出好多条，甚至几十条，这是我的一个习惯。

第二，我有一个习惯，早上醒来后，我会通过切分时间段，列出这一天要做的事。学习时，我会把时间切分成若干个 40 分钟，计划好每个 40 分钟要做什么。早上几点起床，吃饭需要多长时间，走路需要多长时间。比如我备考研究生时，40 分钟学习政治，中间的 15 分钟背单词。我当时习惯在户外背单词，口袋里装些单词卡片，站在大街上或者路灯下拿着单词卡片开始背。冬天很冷，背单词时我就会更专注，冻得不行时就赶快冲回教室，觉得暖和舒服了，就趁着头脑清醒坐下开始做数学题。

第三，我不仅制定每天的目标，还制定周目标、月目标和年目标，这样持续下来，每一个时间段的精神都会处于一个向上的状态。

第四，我有一个非常厉害的地方，就是能够保证睡眠。我在很小的时候大概就知道这一点，并且我在 90% 的情况下都能做到保证睡眠，这样就能保证我第二天有充沛的精力。大家都知道，如果晚上睡不好，第二天一天都会无精打采。我工作的 36 年中，白天几乎没有瞌睡过，当年我出差开会经常到晚上 10 点，出去团建后，回到宾馆都已经凌晨两三点了，还得处理邮件。第二天 6 点多起来，你都看不到我困的样子。我出差总是会选择坐早上第一班飞机，我练就了一项神奇的能力，就是坐上飞机，当飞机开始滑行的时候，我把眼睛闭上就能睡着。等到飞机平稳飞行时，我就醒了，开始看书。当然，我得感谢我的父母给了我一个好身体。

三、时间管理精进

1. 止损清单

我有自己的非常清晰的止损清单，这一点你们可以学习。坦率地说，以我现在的年龄，我的体力肯定比以前要差一些了，那现在我要做什么？有时候我会早点儿把灯关掉，闭上眼睛思考问题，有什么感到不对的地方就写下来，或者把重要的事情写下来。另外，现在我也会更加依赖身边的人，而不会完全靠我自己，这点还是很重要的。

你们都可以制订自己的计划。比如你先做个月度计划，计划这个月大概要读多少本书，要做什么，然后再细化到周计划，周计划有了，每天早上醒来就可以再做个日计划。从早上 6 点半起床，以 15 分钟为单元，整合成 45 分钟也没关系，来安排你的时间，然后不断地拆分，什么时间是你的自由时间，什么时间是你的学习时间。

坦率来说，在我人生还没到今天这么高的职位时，我也经历过打牌来"混圈子"的阶段，那我怎么做计划呢？第一个方法，我先找到召集人，问今天这个局几点结束，如果他说 2 点，那差不多到了 1 点半，我说咱们最后再来几把，到点了就结束吧。第二个方法，原则上我不去打牌，很多时候我会拒绝，我为什么不去睡觉或者看书呢？第三个方法，事先说明饭局时间，以往有些时候我确实做不到主导饭局的节奏，晚上吃饭人家吃到2点，我也得吃到2点。但现在我请人吃饭，我会给他们讲清楚大概需要多长时间。

规则先讲清楚了，那基本上就没问题了。很多伙伴都知道我的规矩，如果我中午请伙伴们吃饭，一般情况下从12点开始，不超过75分钟；如果晚上吃饭，基本上都是一个小时，最多90分钟。如果是一线的我不太熟悉的伙伴，并且伙伴的人数比较多，可能时间会长一点儿，但原则上也不会超过150分钟，我会告诉他们我参加的时间不超过2个小时。大家的问题问完了，我回答问题回答完了，我该讲的讲完了，我就可以安排后边的会议了。我就这点儿时间，我把时间大概计算好了，伙伴们都会知道Larry大概会参会多长时间，就不会有突然的“惊喜”了。

2. 会议管理

我讲一个当年在学习管理过程中的发现。我发现，同样是校长，一个好校长和一个糟糕的校长有很大的区别。我当年在武汉做校长时，会去其他校区学习，列席会议之前，我会问这个会多长时间。他说，这个会议1个小时。结果他的团队12个人，他让每个人都讲话，讲到第二个人时，1个小时就快过去了。那这个校长的管理肯定一塌糊涂。

而我是怎么开会的呢？比如，参会的一共12个人，一共只有1个小时的会议时间，如果想让每个人都讲话，就要先定规矩，事先说好今天我们的会议一共是1个小时，我们的目标是什么，每个人都讲一讲，但是每个人的时间不超过3分钟。如果第一个人讲得很嗨，快3分钟了，也不能随便打断人家，可以等他再超一点儿的时候说，不好意思，时间到了，最后再给你半分钟。等他讲完之后，你可以说“刚才你讲得蛮好的，如果时间可以再控制一下就好了。后面的伙伴们到3分钟时，我会打断你们的”。这样大家是不是就知道规则了？这里要注意：第一，第一个人发言你不能直接把他打断，否则他会觉得受羞辱了；第二，第一个人没做到，你要稍微辅导、容错一下，但到了第二个人发言的时候，你就得提前说明规则；第三，假如第二个伙伴刚好在3分钟之内讲完，你就可以夸这个伙伴时间管理好厉害，给他鼓鼓掌，这样后面的人就知道自己更要控制好时间了。这样的话，会议中间你还可以有点儿时间去做点评。最后，1个小时就可以开完会议。

人生这一辈子最重要的是做好生命的管理，而生命管理的背后是时间管理，时间管理的背后是沟通管理，沟通管理的背后是会议管理。

不管是一对多的会议，还是一对一的会议，都要做好会议管理，所有的高效都体现在会议管理中。

有人问我：“为什么我做不了一个好的主管？做不了一个好的经理？”我说：“因为你压根儿就不会时间管理。”他说：“我已经很努力工作了，我真的很珍惜生命。”我说：“你连开个会都不会开。”他说：“我怎么不会开了？我都这么努力了，我们要是复盘不彻底、认识不深刻，复盘会就不会结束。”我说：“本来12点结束，结果弄到两三点，大家会有怎样的感受？要么你提前告诉大家，我们今天的复盘会两三点结束，你要让每个人有准确的预期。但你如果没有给大家预期，结果总是给大家‘惊喜’。说是12点结束，最后总是到两三点结束，伙伴们真的会崩溃的。虽然你自己讲得很嗨，但伙伴们可能是完全不一样的感受和状态。”

3. 吃早餐，运动，读书

第一是吃早餐。你把早餐吃好，这一天的状态就不一样了。

第二是运动。锻炼身体，身体是一切的本钱。

第三是读书。比如，一般的员工一年读 20 本书，主管一年就要读 30 本书，经理一年读 40 本书，总监一年就要读 50 本书。读 50 本好书是什么概念？相当于你找了 50 个专家，找了 50 个实践榜样，你的知识不断迭代，那三年之后你的成长真的会超过很多人。

很多伙伴说没有时间读书，那你的时间都去哪儿了？这是一个终极的拷问。如果说我们能够把观念转变过来，能够把吃早餐、运动、读书这 3 件事做好，未来的人生想差都难。

除了吃早餐、运动、读书这 3 个建议，如果要我再提两个建议的话，我想，第一是要会写作，将来你们很多时候都需要做文字沟通；第二是会说话，就是沟通表达能力。

再归纳一下以上 5 个建议：吃早餐，运动，读书，会写作，会表达。这 5 个建议对于各位伙伴来说是非常重要的。

四、如何做一个更好的管理者

很多伙伴可能会思考，当前，我们怎样才能够做一个更好的管理者？我们看看在 21 世纪的今天，领导者的特质到底发生了哪些变化。

20 世纪领导者和 21 世纪领导者特质对比

Characteristics（特点）	**20th Century Leaders（20 世纪的领导者）**	**21st Century Leaders（21 世纪的领导者）**
Philosophy（哲学）	Command-and-control（指挥与控制）	Empowering leadership（赋能管理）
Organizational Approach（组织架构）	Hierarchal management（官僚层级管理）	Authentic leadership（真诚领导力）
Image（形象展示）	Charismatic（个人魅力）	Purpose-driven（目标驱动）
Motivation（动机）	Self-interest（自我利益）	Institution' s best interest（组织利益最大化）
Experience（经历）	Perfect resume（完美简历）	Learning through crucibles（在磨砺中学习）
Time Frame（工作周期）	Short-term（短期）	Long-term（长期）
Greatest Strength（最大优势）	IQ（智商）	EQ（情商）
Personal Measurement（个体成长衡量）	External validation（外部验证）	Intrinsic contribution（内在贡献）

这个表格呈现的是 20 世纪领导者和 21 世纪领导者的一些特征对比，我们把每个特征都来看一下。

1. Philosophy 哲学

20 世纪的管理特征是管控型领导者（command-and-control），就是“你得按我说的做”，这是上一个世纪的特征。现在随着“00 后”进入职场，他们不希望被管控。如果你管控他，他每天都很痛苦，天天都在反抗；你管控他时，他会觉得没有自我。由此可见，厉害的领导是把本来你想让他做的事，变成他自己发自内心想做的事，这个背后依赖于你要很真实、纯粹地和他对话，使他渴望变成你，从而他自发地想去做事，这叫真诚领导力（Authentic leadership）。对待各位伙伴要展现你的真诚，并和伙伴们讲清楚我们为什么这样做，我们要到哪里去，我们会遇到什么样的困境和挑战，我会给你什么样的帮助，需要伙伴们给你什么样的支持，我们怎样评价你做得如何，我们怎样给你反馈，最终你会得到什么样的好处，等等。

2. Organizational Approach 组织架构

20 世纪是官僚层级的管理（Hierarchal management），而在 21 世纪是授权管理，也叫赋能管理（Empowering leadership）。也就是说，以前是层级管理，比如主管上面是经理，经理上面是总监，总监上面是副总裁，副总裁上面是 CEO。当然，今天还有这样的层级，但我不知道大家是否明白，真正好的组织应该在日常工作中，在组织的信息传递中，把这个层级打破，信息应该是无边界流通的。以前，CEO 只对副总裁讲话，副总裁只对总监讲话，总监只对经理讲话，信息经过这样层层传递之后，往往就漏没了。今天，随着各种培训渠道的增加，很多时候我们已经打破了这个层级，比如通过影像、文字等接收到公司各个管理层的信息。

3. Image 形象展示

在对外的形象展示这个层面上，过往叫领袖魅力，就是我的领导很有魅力，领导让伙伴感到很有魅力，然后通过魅力领导伙伴。今天更重要的是，你要对你的团队做到意义驱动、目的驱动、目标驱动。如果你是一个目的驱动型的领导，你要给伙伴们讲清楚工作的意义，讲清楚为什么要工作。是的，伙伴们来到公司是要赚钱的，如果在公司里赚到钱了，那他们紧接着面临的重要的问题就是，我们为什么要坚持留在这家公司？这个时候，目的驱动就非常重要了。

4. Motivation 动机

从动机上来讲，20 世纪讲求的是自我利益，而到了 21 世纪，一定是组织利益最大化。

如今，美国大片在中国没那么热了，从去年到今年，国产大片的票房收入都特别高，国外大片在和国内大片竞争时，慢慢地不占优势了。原因是什么？过去几年中国确实发展了，中国确实进步了，中国和国外的制作水平差距变得很小了。前段时间我见了《大圣归来》电影的制片人，他说现在好莱坞制作同样工艺的动画需要 3 个月，但在中国只需 12 天，可见中国的效率特别高，加上中国电影人又勤奋，所以今天中国电影的特效成本也降下来了。

我们到美国、欧洲等地旅游时也会发现，这些地方这么多年没怎么变化。过去这几十年，世界其实没有太大的变化，只有一个地方发生了巨大的变化，那就是中国。在过去的四十多年里，中国发生的巨变超过了世界上任何一个国家，中国的 GDP 在世界的占比开始逐步升高，国货的销售量占比也有所提升。现在，我们再去评判时，就不会觉得美国是最好的。

5. Experience 经历

在经历方面，以前的人们看重的是完美的简历，而今天更重要的是看一个人通过困境锻炼出来的学习能力。现在的面试官不太会关心你是哪所学校毕业的，更多的是问你在学校经历过哪些困境，遇到过哪些障碍，你是怎么突破的，从而看你未来的成长能力。所以，逆商就变得越来越重要。

回顾高途的发展史，2014 年成立，2015 年账上就没钱了，2016 年差点儿死掉了，不少小伙伴在困境中选择离开高途。2017 年，咱们又爬起来了，2018 年发展得还不错，2019 年在美国上市，2020 年被多次做空，2021 年被“双减”了，不少小伙伴没坚持住，就离开了。你现在看看当时坚持下来的人，不都十分优秀吗？看看教育行业，不还是很好的一个行业吗？教育行业不还是真正能够改变人、影响人吗？当然，有时候是没办法，但很多时候我们真的感到很惋惜。

6. Time Frame 工作周期

以前大家工作可能会找短期跳板，今天很多人找工作的时候图的是长期稳定，包括现在很多大学生开始考公务员，因为他们觉得公务员更加稳定。我觉得这并不是好变化，民营企业也大有作为，民营企业应该吸引更多人才。

7. Greatest Strength 最大优势

以前工作的最大优势是 IQ，智商高就行了，而现在重要的是情商。特别是 ChatGPT 出来之后，我们每个人都是拥有技术的创新者，因为 ChatGPT 会写代码，会编程，会给你做各种各样的辅助，你只要把它装备起来，你就拥有了新的东西。当你拥有这些新东西之后，学会一种技能就变得没那么重要了。比如，过去大家常说的我能背多少首古诗、我能做多少道数学难题等能力，就变得没那么重要了。今天重要的是情商要高，人们更倾向于看你怎么沟通、怎么对话、怎么协作、怎么突围、怎么团结。

8. Personal Measurement 个体成长衡量

以前的工作考量的是外部有效性，而今天更加重要的是内在的贡献。

以上就是 20 世纪的领导者和 21 世纪的领导者的差异点。

因此，大家不妨做以下几个思考：第一，我们真的能培养我们的真诚领导力吗？第二，我们真的能够授权别人，让其他人很好地展示领导力吗？第三，我们真的能够让大家做到意义驱动吗？第四，我们真的能够以整个组织的最佳利益为核心吗？我们真的能通过困境来不断学习吗？我们真的是长期主义吗？我们真的在提升我们的情商吗？我们真的是注重我们内驱的奉献和贡献吗？

其中，提升情商就是你要和大家去建立联系，也就是高途企业文化中的Engagement度。我们想想，如果我们和客户能够产生Engagement度，和伙伴们能够产生 Engagement 度，和社会当中关心我们的人能够产生 Engagement 度，那结果就会不一样。

一个好的领导一定是一个参与型的领导，一定具有能够使大家真正融入的领导力。如果你在日常生活中和大家的沟通特别少，大家都冷漠相待，就不会产生亲密关系；如果你和大家互动沟通得过于密切，可能也不太合适。比如你说都别回家了，咱们在一块儿工作，那伙伴们肯定会疯掉。

五、成长的三个 A

1. Aspire: Share your hopes and dreams for the culture.

面对伙伴的时候，你要给他们分享你的希望、分享你的梦想，同时你要分享高途的希望、分享高途的梦想，还要分享你们组织团队的希望、组织团队的 dreams。

2. Amplify: Ensure the cultural Aspiration is reinforced continuously.

一定要确保公司拥有这样的一种激励的文化，要不断重复和强调它，即你要经常不断地给大家讲梦想、讲愿景。就像高途文化一样，我们说的"开心工作，幸福生活""将心注入，全力以赴""以学习者为根，以好老师为本，改善永无止境"，我们说的使命、愿景、价值观等，所有的一切其实都是高途的希望、高途的梦想、高途的文化。这些内容我们要分享，同时要确保深入人心。

3. Adapt：Always work to enhance the culture.

我们要通过持续的工作去提升我们的文化水平，改变我们的文化。就像我始终在跟大家聊高途为什么在这儿，高途要到哪儿去。作为高途的创始人，我到底怎么想，我对伙伴们有什么希望，我有什么样的梦想。

六、商业活动五步法

我去美国时买了几本书，包括 *The Culture Code, Culture Rules* 和 *True North Fieldbook*。看看最新的认知在什么地方，我们需要不断学习，包括我本人也在不断学习和总结，看多了之后，就能获得很大的认同。还有一本书，叫 *Your Next Five Moves: Master the Art of Business Strategy*（你接下来的五个动作：掌握商业战略的艺术）。书里说，我们在商业社会中要往前走的话，可以采取接下来的五步。

Move 1：Master Knowing Yourself

第一步是非常清楚地懂得自己、知道自己，即明确地知道如何认知自己。这是我们的起点。我们开始期待自己新的未来时，我们进行的第一个讨论就是：你真的认识你自己吗？你真的了解你自己吗？你真的知道你的优势是什么吗？你真的知道你的短板是什么吗？你真的知道自己要到什么地方去吗？你真的知道 10 年后、20 年后，自己要成为什么样的人吗？你真的知道自己的优点、优势、挑战是什么吗？这是第一步，你一定要掌握认知自己的基本技能。

Move 2：Master the Ability to Reason

Reason 做名词指的是原因，做动词代表的是推理、归因。当我们能够认知自己后，第二步就是一定要掌握找到真因的一种能力，即你的推理能力，我把它翻译成，一定要掌控找到真因、找到真问题的能力，即我们的知真思维模式。

Move 3：Master Building the Right Team

第三步是能够真正去构建一个正确的团队、一个很棒的团队。

Move 4：Master the Scale Strategy

第四步是掌握这种可以把组织做到规模化的战略能力。例如，如果你带的团队是 10 个人，你要学会慢慢地变成 100 个人。我觉得，所谓的规模一方面是你的业务本身的规模，另一方面是你创收的规模；一方面是你管理团队的人的技能，另一方面是你的人均创收、创效的提升技能。当然，还有一方面就是你不断精进，改善你的团队，能够让你的团队涌现出更多的干部。我觉得这些都是环环相扣的。

Move 5：Master Influence

第五步是掌控你的影响力，掌握你的影响力如何能够起更大的作用。我们每个人的人生的起点，在每个阶段其实都是从认知自己开始，说到底还是我们怎么做自己。

七、构建企业文化的三个要素

在 *The Culture Code* 这本书里，作者说道，构建一个好的文化，其实是与我们每个人都相关的。比如，高途的文化是什么？对咱们的一线伙伴而言，每个人都代表着高途的文化，你在面对你的团队时，你要知道怎样建设一个好的文化。每每读到这些话我都特别兴奋，认为它们写得特别经典。

Skill 1：Build the Sense of Safety

一些伙伴来到公司之后，最先的需求是什么？按照马斯洛需求层次理论，你得先让伙伴们感到安全。有一句话说，信任的构建需要 12 ～ 18 个月。这句话背后的意思是，很多人到了一家公司之后，他们的安全感和他们完完全全给予你信任需要 12 ～ 18 个月。实际上，新伙伴是缺乏安全感的。所以，对于在座的各位伙伴而言，要思考的是怎样与新伙伴建立安全感。我觉得，这其实就是你们要给大家讲讲规则、规矩，规矩是任何人都不能打破的，并且要以身作则。只有当你们能够以身作则，身先士卒的时候，你们才能让大家认识到，这才是高途。

怎么给伙伴们构建安全感？有很多种做法。举一个例子，冬天的时候，刺猬会相互靠近一点儿，这样才能够抱团取暖，从而度过寒冷的冬天。但是，刺猬和刺猬之间的距离不能太近，太近的话就会扎到对方，就变成相互伤害了，所以还得保持一定的距离。工作中你会发现，一个好的领导，与伙伴之间是要有距离的，他要与你亲密的同时，还要保持距离。如果一个主管管了 10 个人，却只和其中某一个人特别亲密，那问题就出来了：第一，你会和你特别亲密的人相互伤害；第二，你和某一个人过于亲密，相当于疏远了周围其他人，他们会觉得不安全。

我还清晰地记得，有一次我去一所学校检查工作，我借故要上个厕所，其实是想借这个时间穿过他们办公区，到他们前台，看看他们的工作场景怎么样。因为当这个校长带我进门时，我发现前台那个女孩瞅了我一眼，带着点儿茫然的神态低下了头，我觉得好像不太对。

我来到前台，那个女孩正低着头看手机。我说："你好，你在做什么呢？"她说："不好意思，我刚才在看手机。"我说："没事，你可以说真话。"她说："我在查一个工作机会。"我问："公司对你不好吗？"她说："我当时来的时候说我不在乎工资，结果我的工资就很低，跟我一起来的同事的工资比我高了 1000 元，明明我的学校背景比她还好。另外，现在家里欠着钱，我就想着能不能找份工资高一点儿的工作。"回去后我跟校长提到那个前台员工。校长说这个孩子不错，来的时候说了不在乎工资，看上去就很热爱公司，这挺好的。但其实，员工已经觉得受到伤害了，在找新工作了。员工说不在乎工资，你就真的以为人家不在乎工资吗？

所以，我经常说，咱们把伙伴招进来，应该让伙伴们的收入水平高于市场水平。但是，高于市场水平的工资来自什么？来自我们高于市场水平的效率。你的效率比市场水平高一个小时，咱们付给员工的薪酬就应该比市场高，这是一个例子。

还有一个场景。我见到一个员工愁眉苦脸的，想和他聊聊，问他怎么了，是不是觉得工资低。他说不是，前段时间涨薪了，可他发现自己涨了500元，而身边同事涨了1000元，他觉得这不公平。另一个员工也说自己很痛苦、不开心。我问："因为薪酬不公平吗？"他说："薪酬很公平。"我问："那为什么也不开心？"他说："陈老师，你知道吗？我旁边的伙伴今天上午开会打盹儿，睡着了，因为他昨天晚上和主管一起加班，直到凌晨3点。我就想，为什么主管只叫他加班，而不叫我？是不是主管对我有意见？"他觉得自己没有得到充分的信任。

还有一个员工，我也是看到他的状态不对，就叫过来聊聊。他说薪酬公平，主管对他也不错，但就是经常骂他。我说主管骂你多久了？他说3年了。我说3年前你觉得他好，现在怎么觉得他不好了？他说："3年前主管骂我的时候我还小，我觉得骂得对，现在我长大了，我也有自己的面子，我受不了了，我要崩溃了。"我不知道大家明白没有，"主管一直骂我"是什么意思？主管怎么不骂别人？主管是不是觉得他"一直长不大"？所以他要离开这个地方，再也不在主管手下干了。

我还见到一个员工，他主动过来找我聊天，说自己不开心。我问："什么事不开心？钱够不够？""够。""公平吗？""公平。""主管对你信任吗？""信任。""你的主管严厉吗？""不严厉。""那为什么？"他说："主管天天压榨我们，让我们天天加班，从来也不知道庆祝，从来也不知道激励我们，我们觉得要崩溃了。"我问："这是什么意思？"他说：

“没有庆祝，没有欢呼，就没有感情释放，比如明明可以带大家出去吃一顿，打开心扉，联络一下感情。但主管没有这么做，而是一直让大家埋头工作，我觉得大家的情绪可能出问题了。”

Skill 2：Share Vulnerability

展示你的脆弱。你是不是发现那些特别成功的管理者，都会给你讲他们失败的故事？讲述他们悲惨的过往，讲述他们过往经过心理挣扎之后慢慢走过来的历程。因为他们不能一直说“我就是很优秀，过去各方面都很强，现在更强”，这样谁会理他们呢？

Skill 3：Establish Purpose

我要告诉大家，我们做这件事的意义是什么，肯定不纯粹指钱。曾经有一个老员工找到我，说自己觉得迷茫了，他说钱是不少，也公平，领导也信任他，平时也有庆祝激励，但就是觉得没有意思，觉得没有意义。那是因为他在对终极的使命、愿景、价值观的追随中出现了问题。

我给大家讲高途的光在哪儿，高途的北极星在哪儿，更重要的是想让大家找到自己的光在哪儿，应该朝着什么方向走。构建我们的意义，这对我们来说是蛮重要的。明白你自己有意义，你才能把意义传递给别人。你的生活中不能总是只有工作吧？你得让伙伴们知道，除了工作，还有其他的东西值得向往。

源自：

陈向东在 2023 年 10 月 26 日高途集团“追光一期——2023 财年总裁见面会”主题分享实录

第五章　冰山之下的思维模式

我们经营一家公司有两个基本要求。第一，这家公司存在的唯一目的就是要满足客户需求。当满足客户需求的时候，我们要从客户这个原点出发，在做设计、做效率、做利润的时候，要更多面对我们的客户，这是一个思维的视角。第二，要想更好地服务客户，日常中的迭代、提升、复盘等工作是从内部伙伴开始的，这是一个伙伴的视角。如果以一个伙伴的视角来看待经营，那么这个组织就要思考怎样去提升伙伴的满意度。如果说伙伴满意度是内在的话，那么客户满意度就是外在，外在满意度做好了，内在满意度也就做好了，这家公司就会做得比较好一点儿。这是一个二维的思考。

我们在一家公司工作时，一方面要想想我们的客户满意度，聚焦于客户满意度的大概是专业 P 序列，做得非常好的就是高 P。如果以面对内部的视角来看待公司的经营，那公司就要努力提升伙伴的满意度，比如帮带伙伴有很好的转介绍绩效等，这能让伙伴获得更多的成就感，就是我们的管理 M 序列，水平高的就是高 M。这就是我们说的二维。

在二维当中，还有一维，就是每个个体。不管怎样，我们在组织当中，和伙伴一起服务更多的客户，和伙伴一起不断成长，而在我们回到家里休息、充电，第二天回到工作现场去更好地服务客户的时候，我们其实还是在面对自己。真正地面对我们自己，和认知我们自己的思维，可以叫三维体系。

我经过这么多年的研究发现，很多人在面对自己时，总是做得特别糟糕，或者说，他并没有真正关爱自己，即没有真正爱自己。我在很多场合说，人生所有的起点就是要爱自己，一个连自己都不爱的人，他怎么能把工作做好呢？我从来没见过这样的人。

什么叫自爱？什么叫爱自己？

记得以前我还没有这样的智慧的时候，我和我儿子有一个对话。他去美国的时候才 6 岁，只上了 2 个月的课。在我教育他的时候，他说："I am I. I am not you."意思是你别管我。当时我不知道怎么回答他。我说那好，这饭是我的，这菜是我买的，你别吃我的饭，你吃你的饭吧。当然，现在我反思，我觉得自己有点儿蛮不讲理了，有点儿强盗逻辑了。他还那么小，我应该接受他的叛逆。他要是继续反问的话，其实可以说："谁让你生我了？"

随着这几年经营公司，我跟他聊天的时候还是有很多的进步和收获的。慢慢地，我和他对话的语言方式也发生了变化。比如他说："I am I. I am just willing to be myself."我会说："You just need to be yourself, but the key point is what the definition of being yourself is ?"

到底什么是做自己？就是我们每个人都要做最好的自己。什么是最好的自己？这又是二维的。一维是我想要什么，我得到那个东西之后，我是不是最好的自己？二维是当下我是什么样的状态，当下我是不是最好的自己。三维体系指的是，最好的自己和我要的未来的自己，以及未来我想成为最好的自己之间，是不是完全关联的。所以，我们永恒的思考是，什么是最好的自己？

有时候，我和北京的伙伴们吃饭，我会问，什么是"将心注入，全力以赴"？有的伙伴说要对客户将心注入、全力以赴，有的伙伴说在工作场景中对伙伴要将心注入、全力以赴。我认为，“将心注入，全力以赴”的本质是我要把生命的每一分钟都变得能够用“将心注入，全力以赴”来描述，我要让生命的每一分钟都是最佳状态，我要让我在生命的每一分钟里都是最好的自己，我要让生命的每一分钟都不被辜负，我要让生命的每一分钟都值得拥有。因此，“将心注入，全力以赴”的本质就是不负生命、不负韶华、不负青春。我想，这就是思维模式的差异。

回到最初的话题。我们常常在想我们的客户，思考怎样提升我们的客户满意度；我们在想我们的伙伴，思考怎样提升伙伴满意度。其实这些问题的根源是我们怎样来提升自己，提升自己对自己的满意度。很多时候，我们的情绪出了问题，我们的心态崩了，我们没有那么开心，原因是我们对自我的满意度不够。因此，如何提升我们对自己的满意度，这是人生永恒的话题之一。你想，你为什么痛苦？痛苦的根源不是你对周边的事情不满意，而是你对自己不满意。怎样提升对自己的满意度，这是一个终极的学问。

作为年轻人，我们的身体目前肯定没有问题，我们都接受了很好的大学教育，我们的智商和能力也没有问题，但我们每天不开心，觉得很痛苦，原因是什么？可能是我们的情绪出了问题，我们的情绪不稳定。

情绪一旦出了问题，将导致我们的精神世界出现问题。如果精神上出现问题，我们就会变得悲观。一旦悲观，我们每天就会觉得天要塌下来，觉得这个世界很不友好。慢慢地，情绪就变成一座大山压着我们，每次我们都不堪重负，在这个时候，我们的情绪就更加不稳定，无法做正常的工作，便会觉得在职场中好像处处碰壁，无法做自己，结果就是作用到我们的身体上，我们的身体也会随之出问题。最初，我们的身体是没有问题的，但是经过在社会上、工作中的摩擦碰撞，最后身体出现了问题，我们也就走到了崩溃的边缘。

一、审视自我的六个维度

我们在审视自我的时候，可以从以下六个维度来看我们自己。

1. 外部问题

我们在职场中有一种感觉不舒服的状态，其中一个原因可能是外部主管不正常。这是第一个维度。

2. 自身问题

我们在职场中有一种感觉不舒服的状态，另一个原因就是我们自己的内心还没有调整到正常状态。这是第二个维度。当我们回到家，仍然会心烦意乱，觉得家里的烦心事蛮多的，比如有时候父母唠唠叨叨，和亲人相处不和谐，当你感觉很难去调试自我的时候，其实也是有两个维度的：第一个维度是你觉得外部有问题了，第二个维度是你觉得自身有问题了。这时我们怎么来调整自我的状态？

3. 针对原因付诸行动

接着还有第三个维度。我们在闲暇的时候，比如在周六、周日独处时觉得无趣、无聊。这个时候可以想想，哪些事能够让我们特别感兴趣？哪些事能够让我们长久地感觉有趣、长久地入迷、长久地和它们对话？很多时候我们的那种状态，其实是由一些原因导致的结果。我们往往针对结果去采取行动，但是很少针对结果背后的原因来付诸行动。

4. 自我保护

第四个维度，自我保护。我们有时候会去医院看医生。因为谁都不想找一个糟糕的医生，所以如果可能的话我们都想找主任医师给自己看病。因为是我们的生命，所以我们会找最好的医生。在日常工作和生活中，当你的主管说你有问题，或者你的父母说你有问题时，你大概率会回避，会说都是他们的问题。这是一个很大的场景变化。

5. 防患于未然

第五个维度，防患于未然。伙伴们小时候发烧感冒，都去过医院吧，但后来身体康复了，也就不需要去医院了。但是我们需要去做体检，包括一个全面的体检或者是一个专项的检查。我们去体检时，医生可能会给我们一些忠告，这能够帮助我们防患于未然，提醒我们对于可能的疾病找到它的病因，从而根治。实际上，做到这一点是蛮难的。

举一个例子。我是农村孩子，小时候也不太懂卫生知识，加上我天生乐观，爱玩爱闹。我记得在中国人民大学读研究生时，学校挺重视体检的，所以会安排学生免费体检。检查牙齿时，医生说我有的牙齿好像有点儿不好，需要把里边的一颗牙补补。我当时碰到凉水偶尔会觉得特别痛，可从来也没当回事。医生说，你牙周不好，你要注意刷牙，最好能够把牙周治疗一下。

我当时 27 岁，不把它当回事，认为自己年轻，身体好，肯定没事。结果前几年，大概是 2016 年，当时我的压力很大，身体就出现问题了。

有时候早上醒来眼睛充血，有时候满嘴起泡，牙龈肿痛，很痛苦，我还忍着，说没事。“双减”之后，我的压力大了起来。我记得特别清楚，有一天晚上，我突然怎么都睡不着觉，结果第二天起来之后，我发现我的脸肿了，其实是牙齿出了问题。

在过去两年，我基本上每半年就去看一次牙，经过这两年的坚持，医生说我的牙齿有很大的改善，牙周也好起来了。我想，假如二十多年前我就有这种认知，老老实实、规规矩矩地去矫正牙齿，也就可以避免很多牙齿上的问题。但是，我都错过了，太遗憾了，这是切身之痛。

6. 自己和自己比

第六个维度指的是痛苦不是来自你和自己的比较，它往往来自你和别人的比较。比如说，你看到哪个人得到了一个什么东西，而自己没得到，你就会特别痛苦，接着你可能会做出很多自己都无法理解的行为。其实解决这个问题的根源是，不管发生什么事，我们只和自己比，看自己是否有进步。如果把思维视角变成自己和自己比有没有进步，今天和昨天相比自己有没有进步，今年和去年相比自己有没有进步，那你的心态（mindset）就不一样了。我刚才说的是自身维度的一个转换。

人和人差异的起点，表象上是一个抉择，实际上是抉择背后的思维模式。我们知道，人生每选择一次，可能就会是一个交叉口，拉长周期来看，交叉口就会变得特别大。

我举 3 个例子，都是公开的信息。

第一个例子。在教育圈里，当年在新东方做高管，后来离开新东方出来创业的人有很多，拿到投资的人也有很多。而到今天为止，真正做成功的公司，其实是非常少的。高途很幸运地走到了今天，但其他很多公司，至少在很多方面是完全没有达到预期的。

第二个例子。学而思也有好多人出来开办教育机构，到目前为止，学而思出来的人真正经营得十分成功的公司也没有多少。那些人在学而思不能算不优秀吧？

第三个例子。阿里巴巴在某个年代发展得特别好，当年马云说过一句话：说不定哪天有人就把阿里巴巴给颠覆了。大家都觉得马云太矫情，阿里巴巴怎么可能会被颠覆呢？京东一度信心满满，说自己的效率很高，说不定有一天就会颠覆阿里巴巴。阿里巴巴说，京东怎么可能颠覆我？后来真的出现了一匹黑马，就是拼多多。还有一家公司，就是字节跳动，字节跳动的市值可能超过了阿里巴巴。研究他们的模式，马云应该是文科生背景的思维模式，刘强东是人大的社会学系，也是人文背景，但是拼多多创始人是在国外读的计算机专业，字节跳动的创始人读的是南开大学软件工程专业，他们的底层思维模式是不一样的，再加上移动互联网加持，慢慢地，差异化竞争生长起来了。

再来看看高途，为什么它算是活下来了？因为高途在创业之初有意识引进很多技术伙伴。我们做的事情和新东方不一样。新东方当年是以线下为主导，线上多以录播课为主。而那时候，高途招了很多技术伙伴，做了不少研发工作，后来我们慢慢地把技术和教育进行紧密结合。加上当时我们赶上了好的机遇，我们也花了几百亿元，最终才有了今天大家看到的高途。

我想，我们最初看一件事时，往往会感觉做成它很容易，当你去做、去全面推导，把它做到一个理想状态的时候，才能实际感受到中间需要经历好多个点，一旦任何一个点出现问题，公司很可能就会在浪潮中被吞没。当然，如果只做一家小公司，那就是另外一回事了。我说的是，做一家有影响力的，能够改变人类社会的公司，其概率是非常低的。我们看，一个时代造就了一家公司，比如微信场景裂变时代出了拼多多，短视频直播时代出了字节跳动，下一个时代会出现哪些公司？目前还不知道。

教育领域也是一样的。在中国的教育进程中，当年的大班教学时代衍生出了新东方，后来小班教学时代衍生出了学而思，移动互联网场景时代造就了我们高途。毫无疑问，当下高途也面临着未来不确定的变化，比如 ChatGPT、AI 这些新鲜事物。为此，我们成立了不少团队在紧张地研究这件事，其中有好几个北大毕业的伙伴，还有清华毕业的伙伴。我问他们，在 ChatGPT 时代我们到底要做什么？对于高途而言，这意味着有什么东西是永恒不变的？

在 ChatGPT、AI 这一波浪潮当中，高途可能也是有巨大的机会的，因为我们的主业务已经很稳定了，面对新业务，我们需要看看到底要做哪些方面的探索。高途有资金支持，如果有机会的话，我们该怎么做？有一点我想明白了，我们到底可以利用 ChatGPT、AI 做什么？到底是做个性化的一对一辅导，还是 AI Tutor？这其实涉及不同的理念。我们正在做大量的训练，再加上我们的数据，我们希望在这方面能够有一些突破，这是关于我们的认知模型的问题。

大家看到的都是冰山之上，但让你能够看到和别人不一样的东西，都在冰山之下。

二、如何提升人才敬业度

工作当中，大家都非常熟悉盖洛普的 Q12 人才敬业度调查，我跟主管、经理聊天的时候也会用到这个模型。我们一起来看看这 12 个问题。

1. 你是否清楚地了解自己需要做哪些工作，以及这些工作的完成标准？

我们是否了解自己的工作？我们的伙伴是否有清晰的工作目标？换句话说，就是我们每天是不是知道自己今天到底应该往什么地方去？

2. 公司是否配备了你完成工作所需的工具和资源？

一线伙伴到了工作场所后，他有所需要的工具吗？他有所需要的资源吗？尤其是他有需要沟通、寻求帮助的跨部门的资源吗？就像在高途，有的伙伴说我要找 IT，不知道找谁；我要反馈问题，不知道找谁；我要求助，不知道找谁；我要领个什么资料，不知道找谁；我需要预约会议室，不知道找谁；等等。老伙伴习以为常的事，对于我们的新伙伴来说，可能是陌生的、全新的。

我们要常常问自己，我们在带团队、辅导团队的时候，是不是给了他们所需的工具和资源？我们目前在做一个体育项目，做一个实验和试点。体育项目的负责人来了后，我先跟他们团队的负责人一块儿开了 5 次会，讲讲大概我想要什么，高途是什么，我们的期待是什么，了解他们遇到的困难和挑战是什么。

之后我让他们回去写方案，再回来和我商量。碰了 5 次后，我说你们可以通过找周边的核心伙伴来找找相关的人，比如找人力资源的人，找财务的人，找法务的人，找市场的人，找行政后勤的人，找项目相关的人。我说，大家一块儿开个会议，看看你们有什么事。他们说还需要产研的支持，我就把产研的伙伴找来，告诉他们可以跟谁对接。换句话说，你要给他们配备他们所需要的工具，配备他们所需要的资源。

作为领导者，面对你的下一级管理者时，你要思考，应该给他配备什么样的资源，特别是人的方面的资源。当然，面对主管时，他可能也需要一些工具、一些系统。如果是新晋主管的话，你还要思考，怎么给他提供工具、提供系统，这是非常重要的。

3. 工作当中，你是否每天都有机会做你最擅长的事情？

我们是不是在发挥着自己的优势？我们在工作当中是不是知人善任？很多干部在职场中犯的最大的错误就是用错人。用错人就是灾难。比如，用人要考虑，这个人是不是善于做管理，是不是善于沟通，是不是善于洞察问题，他究竟是自我工作型还是通过别人去工作的，等等，判断好这些方面是一个很大的挑战。

“知人善任”可以通过 2 个问题来判别：

第一，你用对的人了吗？

第二，你把这个人用对了吗？换句话说，这个人是不是每天在做他自己最擅长的工作？如果他做的事压根儿就不是他擅长的，你应该怎么帮助他让他做擅长的工作？有的小伙伴离开的时候说：Larry，我发现在高途的这个工作岗位对我来说并不合适，尽管我特别爱高途，但是这个工作我不擅长，我的经理也说我好像不匹配这份工作，所以我就离开了。我会问他的领导，如果他很热爱教育，这个部门可能不适合他，为什么不给他推荐公司其他的岗位？为什么不让他去做别的锻炼？

再举一个例子。很多人容易单点思维，就是我缺一个岗位，我就对外招呗。成熟的想法是，我现在这个岗位缺人，而这个岗位需要很多的协调工作，因此我不对外招了，我就从公司内部找人，这些伙伴对公司熟悉，也容易和我有较高的契合度。

我们都懂得从外面招一个人，经典的说法是 12 ～ 18 个月才会建立信任。我后来和一些人聊， 12 ～ 18 个月建立信任指的是基层工作，如果是特别重要的高层次岗位，想要在 12 ～ 18 个月之内建立信任是不可能的。如果是一线的工作，比如一个校招生到一家公司后就能产生信任，除非是特别热爱，对大多数人而言，真的需要 12 ～ 18 个月。他可能一直在埋头打仗，熬过那种挣扎期，最后就想，我就待在高途了。如果一家公司找到一个经理，让这个经理对这个公司产生无限的热爱、无限的理解、无限的相信，可能需要 24 个月。如果是一个总监级别的干部，特别是副总裁级别的干部，在一家公司没有 3 ～ 5 年，很难产生信任。为什么？顺境的时候当然好了，顺境又能赚钱当然更好了，但稍微遇到逆境，稍微遇到角色冲突，信任很容易就崩掉了。

我们常说“1 年青，3 年橙，5 年红，10 年钻”。

我 17 岁开始工作，到今年已经工作 36 年了。我把自己工作中和创业中的人才做了一个盘点，又把经历了伟大的创业时代中那些创业公司，包括很多上市公司的企业家人才画像进行像素级分析，我发现，在一个人才融入、成长的过程中，这种信任是非常重要的。

我没有见过比亚迪的王传福，但我有认识的人在比亚迪工作。我拿到过比亚迪的年报，看到过比亚迪的各种资料，发现比亚迪这家公司成立了近 30 年，其核心高管跟着王传福都干了 20 来年了，有几个搞汽车的高管都是五十七八岁了。人家一辈子都在研究制造汽车。

如果大家都极具学习能力，每天都在学习，每天都在迭代，在一个行业迭代了四十几年，你说会发生什么变化？一个人如果还具有学习能力，他就会永远年轻。巴菲特已经九十多岁了，人家还在工作，谁说他老了？难道说巴菲特的投资能力比不上 20 多岁的年轻投资经理？但他还在工作，说明他仍然具有学习能力。评价一个人工作能力的核心是他是不是具有学习能力。这很重要。

后来我研究了宁德时代这家公司，发现很多核心干部、高管都和 CEO 相处一二十年了，哭过，笑过，打过，闹过，到最后就不打了，也不闹了，情绪稳定了，就一起往前走。

高途也是一样的。高途的创业其实蛮不容易，今天我们复盘的话，会发现，我们确实在前期很难。刚创业的时候，我们找不到优秀的人，有的人可能跟着跟着就跟不上了，后来就走了。后来公司又经历了“双减”时期。“双减”的时候，有的人觉得遇到了挫折，就走了。今天再来看我们这个核心团队的时候，我想想，其实是蛮不容易的。

我在用人的时候，不会只考虑这个人和我有多长时间的交往和信任，还会思考一个问题：最合适做这件事的人是谁？这件事的行业人才在哪儿？今天的高途确实有优势，同时也有劣势，到底这个对的人在哪儿？我们会先确定这件事具体需要的人才模型，然后慢慢地去找这个人。

以高途目前的 BOC 核心团队为例。我在 2024 年预算启动会时感叹：真是很不容易啊！假如以明年 6 月份即高途 10 周年为一个临界点，一直在一块儿相处，一块儿创业，一块儿见证，跌跌撞撞地走过 9 年以上的伙伴还是有不少的。比如罗斌 10 年，许翔 9 年多，伍新春 9 年，卢佳也可以算 10 年。邓弘虽然中间出去做天校，但前后也 9 年多了。后边还有几位相对比较晚加入公司的，比如张如国、罗沫鸣，他们两个都是行业人物。如果从我和他们认识的层面上来说我们认识快 20 年了，虽然我们中间有一段时间没有工作上的交集。目前 BOC 成员中，和我认识时间最短的人是 CFO 沈楠，到明年 6 月份的时候，她刚好加入公司 5 年半。但是当年公司筹备上市，有半年的时间我基本上有和她一起超级近距离地工作过，可以说，我和她也是非常高密度地建立了信任和链接。

如果今天集团层面来一个新的高管，想让他和 BOC 成员一样跟我建立信任，基本是不可能的，毕竟大家没有彼此搀扶、相互依靠和协同作战的经历。所以，未来高途很多重要岗位的干部，绝大多数应该从内部产生，因为对于内部的人才，大家都能看到他一路成长的轨迹，就看谁能够从中间真正冒出来，冒出来的核心就是怎样打赢仗。就像我们干部部的负责人全娟，不是也晋升为公司助理副总裁了吗？到明年，她加入公司也有 9 年多了。

4. 过去的 7 天，你有因为出色工作而受到了认可和表扬吗？

这说的是一个工作方法，我们不是为了表扬而表扬。不管任何级别的干部，每周都要开周会，每周都要开一对一的会议。我每周也有我的周会，我每周也会有我的一对一的会议。比如说我跟我的一对一对象聊天的时候，他会向我汇报上一周做了哪些事，我也会说这件事做得不错。这叫表扬，对吧？或者说，这件事好像有点儿不靠谱，或者说这件事你回去再琢磨琢磨，然后再给我做个方案。你不能把人家批评一顿，说一些不恰当的话，如果那样做，那这个人肯定会崩溃，他的情绪也可能出问题。我们要是对伙伴了解的话，在过去的 7 天里，我们是需要对伙伴的工作给予认可和表扬的。

要注意，表扬要具体，同我们教育孩子一样。比如，你总说“孩子你真棒”“你真聪明”“你是天才”，时间长了孩子就不相信了。如果你说：“你今天和老人说话的时候，你笑着的那个样子特别可爱，真好！”“刚才你说学校里有学生发生冲突的时候，虽然你没有参与，但你在一旁冷静地观察，真好！”“你刚才和妈妈说的话对妈妈触动蛮大的，真好！”所以表扬一定要具体，表扬越具体，你们就越容易进入对话场景、进入现场，从而产生非常美妙的结果。

管理者们都想想，你们在工作当中是怎么和下属谈话的？要注意，一周之内，你们表扬下属某一个具体的点，并不代表你们可以不提建议、不给反馈。我在做“一对一”时，也有很多事会进行点对点的反馈。比如这个东西我觉得好像有距离，这个地方好像不对，下面这件事可能要重点推进，等等，这样的表达才能够把我们的工作有效地推动下去，但我们很多时候不会这么做。你在过往 7 天里总是骂人，而没有去关注细节，没有去盯现场，所以你很难从某个点上具体表扬人。换句话说，你对现场不了解，你就没法和现场对话，也就没法和现场的伙伴产生亲密度。

5. 你觉得你的主管和同事有关心你的个人情况吗？

我们可以静下心想想，你的主管关心不关心你的个人情况？比如你的身体有时候不舒服，今天心情不好，是不是和家里人吵架了，父母是不是生病住院了，等等，你不能从来不问伙伴的个人情况。当然，你不一定要问太多。如果你只是谈工作的话，伙伴会觉得跟你有距离。你肯定是要关心伙伴的个人情况，如家里有什么状况、现在怎么样等。同样道理，你关心你的下一级伙伴的个人情况吗？

6. 工作中有人关心或者鼓励你的发展吗？

每个人都要发展，你自己也要发展。你可以跟你的上级说，你给我提几点反馈，我下一步应该往哪儿走？组织中还有什么样的机会？现在我要往上走的话，我得培养接班人，我怎么培养接班人？我不知道大家怎么想，我认为很多时候接班人的成长是自然而然地往上生长的。

有一天你要走的话，你的事由谁来做，并且还得能够做得更好？谁来做是最合适的？我们通常会先在团队内部找人，如果内部没有合适的储备人选，我们再从外部看哪个人是合适的。到底怎样来构建这种关系？毫无疑问，你要先问自己是不是关心直接下属的发展。同样的问题，你的上级是不是关心你的发展。这种发展不一定是从经理成为总监，也可能是发展专业技能，发展沟通技能，发展综合性的系统思考能力，等等。

7. 工作中你觉得你的意见受到尊重吗？

你问自己的时候，其实也是在问你的下一级伙伴。当你决定开一个会议时，你心中已经有了这个会议的基本方向，但是你还是要让大家去参与讨论，通过讨论成为大家的认知，成为大家的共识，成为大家的决策，最后就能够让大家齐心协力，上下同心，产生好的结果。为什么你不能直接宣布说你就这么做了？因为你如果这样做的话，就没有让伙伴感到他的意见得到充分表达。有一句话叫“决策前充分讨论，决策后完美执行”，这是一个维度。

另外一个维度是在知真思维模式里。我讲过一个重要的方法论，即团队在讨论问题的时候，为了避免真理可能会被忽略，最好的做法是先从职级最低的伙伴开始发表意见，这样做的好处是让第一个讲的伙伴有勇气表达，慢慢地再过渡到职级较高的人发表意见。你作为会议的 owner，最后总结时应该说，刚才大家都讨论了，讨论后我觉得应该是这样的方案，我们开始往下推进执行。这叫决策力。

我们有一个方法论叫 AORIA。Abnormity 叫异常，是你和目标之间的差距，你和期待之间的差距，或者是你和你自己高标准的差距。Obstacle 叫卡点，是你卡住的地方，卡点是需要别人协助的。Refreshedness 叫知真，你刚获得一个特别重要的认知，然后就会呼唤亲朋好友、兄弟姐妹，呼唤身边的同事，一定要这么做！比如你交大运后，获得了一个理论认知，强烈推荐其他人一定要听，避免采坑。Interaction 叫互动，这个互动环节特别重要。Action 叫执行、行动。AORIA 就是我们一个大概的决策逻辑。

8. 公司的使命目标使你觉得你的工作重要吗?

这是一个非常好的问题。第一，你首先要让伙伴们感受到他的工作是有意义的；第二，他工作的意义，未来有一天和公司的使命、愿景、价值观实际上是契合的；第三，正是因为这种意义，他的工作才很重要。每个人的工作都非常值得，每个人的工作都算数，每个人工作的改善都会对我们的价值和口碑的提升有巨大帮助。所以，我们反复强调公司的使命和目标的重要性。我们如果在工作场合天天讲公司的使命、愿景，伙伴肯定会反感的; 而如果我们找一个轻松的环境, 一起聊天, 与每个人聊聊他的生活, 慢慢地就链接起来了。原来我们是为了这件事而走到一起，原来我们是为了这样的使命，原来我们是为了这样的未来，原来我们是为了共同的目标，这样我们就不迷茫了。

为什么有些伙伴感到迷茫？因为他没有找到人生的意义，也没有找到工作的意义，更没有将人生的意义和工作的意义融合起来。

有一天晚上，我和高途一个北大本科毕业的伙伴聊天，他来高途不到一年，我看到他的眼神是飘离的，带着不自信和那种挫败感。他确实挺热爱高途的，也得到了学生和家长的尊重。我问他，是不是上北大之前特别自信？他说是的。我说你是不是到了北大之后感受到了“摧残”？他说是的。我问，为什么会在北大受到“摧残”？他说，北大的学生都太优秀了，有的人家里有钱，有的人有见识，有的人参加过许多竞赛，我发现我不属于北大，所以很郁闷。后来，他在高途教书找到点儿成就感，但是感觉还是活在了他和北大同学比较的阴影中。我说，你试着忘掉北大同学，多想想你当年在高中时候的快乐时光，多想想今天你是怎么受到学生和家长的尊重和喜欢的。你的同学不一定就比你优秀，在高途就跟着标杆学习，备课，磨课，试讲，参加大赛，每天疯狂地进行训练，终有一天，你在这方面就成了专家。说不好将来有一天，那些北大同学的孩子会找你，寻求你的帮助。他听完之后有点儿小兴奋，眼睛里放着光。

我曾经跟一个 HR 吃饭，我觉得那个伙伴蛮优秀的。她和我是第一次面对面吃饭，有点儿紧张，她说她从来没有喝过白酒。我看她眼神中有点儿小渴望，感觉她是可以喝点儿酒的，我就鼓励她说你其实是没问题的。结果她真喝了几杯。她说我已经成功地躲过了那么多的团建，今天终于在这儿喝酒了。我发现她有点儿打开心扉了，她有点儿变化了。

我的核心问题是，你到底要成为一个什么样的人？我不鼓励一个人通过喝酒才能够成功社交，我也不认为只有喝酒才能够和别人更好地沟通。我认为要想表达，就必须把自己给解放出来，因为做 HR 需要和别人快速构建 Engagement 度。同样的道理，表象是喝酒，但背后是通过喝酒来与他人建立链接，打开心扉，这时候你跟别人的距离就近了一步。这对不少人来说，一般是做不到的，那这时候你该怎么合理表达？当然你说，我一喝就喝醉了，那肯定不靠谱，对不对？但是你说，人生当中有两三次喝醉，其实不一定是坏事。有两句诗叫“人生得意须尽欢，莫使金樽空对月”。这到底是错的还是对的，得看你怎么解读它。

如果因为身体问题不能喝酒，大家还是理解并且尊重的。就像我一样，因为喝完酒后脸上过敏，我已经几个月没喝酒了。

我处在今天这个位置，会更加尊重别人，更加有同理心。什么样的人才会有怜悯情怀？我觉得是你感同身受地，在那种所谓的被别人怜悯的状态下待过一段时间，然后又在被人仰望状态下待过一段时间，你自然而然就会有同情心。

我在想如何能够让伙伴感到他的工作很重要。举一个例子：我们放下工作，一块儿走一走、跑一跑，做团队建设。你必须通过工作和生活给你的每一天赋予意义，你必须通过工作和生活给你的人生赋予意义，你必须通过工作和生活给你所在的组织赋予意义，你必须通过工作和生活、组织和家庭给今天的时代赋予意义，只有这样你才能够有信心、有信仰。所以，信仰在某种意义上是一种能力。

坚定信仰是很难的。我在想我们需要一种什么态度。敬重可能是一种态度，反思是一种态度，而学习是一种能力。谁不会反思呢？晚上的时候，自责说今天我又胖了 3 斤，白减肥了；刷手机多刷了几个小时，结果没睡好觉，好痛苦。每个人都会反思，反思是一种态度，而通过反思能得到东西，才是一种学习的能力。

学习好难啊，需要我们持之以恒。你在上小学、初中、高中的时候，是被指定内容去学习的；你上了大学，其实是有框架地去学；到了工作当中，你就完全是自主学习了。学习能力的不同将人与人之间的差距拉开了。人和人之间的差距被拉开的关键点就在于你的学习能力、你的迭代能力。每个小伙伴都想想，你怎么才能在行业当中成为最棒的人才？

9. 你的同事们致力于高质量的工作吗？

你招的伙伴是不是高目标的？你招的伙伴是不是高标准的？你创造的团队文化氛围是不是高标准的？你的同事都致力于高质量工作的时候，就容易取得成绩；取得成绩的时候，就会产生荣耀感；产生荣耀感的时候，就会产生外部的激励，从而激发内驱的、向上的渴望，使得团队发生从量变到质变的反应。

10. 你在工作中有要好的朋友吗？

今天，伙伴和伙伴在一起是一种关系，它是生活或者是一种生活方式。人这一辈子为什么要工作？因为工作是使人的生活变得更加有意义、更加有趣的一种最佳修炼方法，工作是一种最佳生活方式。在工作当中，你会遇到一群与你一样有趣、有目标的人，大家一起服务客户，一起锻炼自我，一起追求目标，一起读书，一起精进，大家有信仰、使命、愿景、价值观，这是多么美好的生活啊！如果我们不工作，我们将会成为什么样的人？

我们希望通过工作找到自我；我们希望在给予别人能量的同时，能够得到别人的信任；我们希望在给予学生和家长知识和才华的同时，能够得到他们的爱，从而让我们更加具备洞察爱、懂得爱、珍惜爱、拥有爱、倍增爱的能力，让自己成为爱的化身。

如果工作是最好的生活方式，那么你在生活当中不能是孤家寡人，除了家人，你肯定还要与很多人同行，你在工作当中肯定要有要好的朋友。假如一个单位里，你压根儿就没有要好的朋友，你痛苦的时候没有聆听你倾诉的人，那么你和公司就连接不起来。因此，我们鼓励伙伴在公司要有要好的朋友，这点非常重要。

一个伙伴如果在公司没有要好的朋友，他说飘走就飘走了。一个人在一个组织中和工作中要有相对比较要好的朋友，这是任何人都需要的，除了 CEO；或者说在一个组织当中，只有一个人很难和某几个人的距离很近，就是 CEO。当我代表公司的时候，我如果只跟某一个人走得近，其他人肯定就不舒服了。

一家公司的创始人或者是 CEO，从某种意义上讲是孤独的，因为他不可能和某一个人保持一种近距离的关系；同时他也是最热闹的，朋友很多，因为每个伙伴都是他的朋友。我对待每个伙伴都应该一样，我对待每个伙伴都应该发自内心地拥抱，这是一个必然。

有的伙伴问我，Larry，你知道吗？我下属的一些主管很狂妄，有过一些很冲动的表达，你怎么看？我说，“天要下雨，娘要嫁人”，由他去吧，核心是他做自己就好。缘分在的时候自然就在，缘分不在的时候散了也就散了，人与人之间相处的核心是，高途要保证成为一家好公司。因此我们拿出更好的激励机制、更好的文化氛围、更好的共同信仰，自然而然地，它使很多美好的事情发生了。所以说，对于很多事情，水到渠成就行，这当中，我们时常检讨自己，让自己变得更好就行了。

11. 过去的 6 个月里，公司有人和你谈及你的进步吗？

高途当前的小伙伴在过去 6 个月里都有很大的进步，但当下的我不断追问自己和持续自我反思的是，高途在当前阶段中，它的什么地方是薄弱的？因为唯有找到问题，找到短板，找到差距，我才能定义真正的、清晰的目标，才能做出真正的改变和取得相应的成果。

我有两个场景对比：

第一个场景对比是，2014 年 6 月，刚开始创业的时候，在五道口的一间十几平方米的地下室，只有几张桌子，我们就开始干了。真的没想到，公司 5 年后就上市了，跌跌撞撞走到今天，已经快 10 年了。值得注意的是，在中国，公司上市通常至少需要 10 年的时间，像高途这样成立 5 年就上市的公司，是非常少见的。当然，有一家公司叫拼多多，它上市的速度是很快的，但如果认真研究拼多多的话，我们就会发现，这家公司其实已经做了十几年，只是一直在找方向。后来它成立了一个以“拼多多”为名的公司，很快就上市了。我研究过中国的一些公司，除了像当年成立的在线教育这一类公司，公司成立 10 年就上市的少之又少，即便是成立七八年就上市的公司，也非常少。所以，大多数公司要上市的话，至少需要 10 年的时间，而平均时间则达到 12 年。

你能想象吗？ 2018 年的时候，我们只有那点儿收入，因为我在市场上有着良好的声誉，再加上伟大时代的推动，2019 年 6 月我们上市了。

昨天晚上，我和几个北大毕业的伙伴一起吃饭，他们非常优秀，那种谈吐，那种自信，真好！我问他们有没有女朋友，他们说有。我又问他们，你们的梦想是什么？你们在 10 年后要成为什么样的人？

另外一个伙伴也是北大毕业的，他是 1987 年出生的，原来在西工大的少年班学习过，当年创业拿过几千万美元融资，跌跌撞撞地，最后没有成功。我认识他 8 年了，过去 8 年一直和他保持联系，我每次邀请他加入高途，他都说将来有一天要创办一家和高途一样的公司，做一家更大的公司。后来，当他被撞得头破血流，花完最后一笔钱时，他对我说，他想加入高途。在 ChatGPT 时代，他觉得一个人组建团队几乎不会成功，即便拿到几千万美元融资也不可能轻易成功，所以他一定要加入高途。我说你想好了吗？你的心都野了，你在高途待得住吗？

他和卢佳是当年读研究生的同班同学，他比卢佳小 4 岁。当年能上少年班，他真是聪明。但被社会“毒打”后，他慢慢地建立了自我认知。当他听到小师弟谈他们的梦想的时候，略微摇摇头，语重心长地告诉他们，梦想是梦想，一定要经过社会的“毒打”，才能够真正成长。

昨天晚上，公司另外一位技术大咖也去了，他也非常优秀。起初，他加入一家创业公司，跌跌撞撞做了 3 年都没做成，后来加入高途，想做一番事业，我也鼓励他去做。我说，你来点评一下这两位未来之星。他说，你们不要太悲观了，我们不要打击刚刚毕业的年轻人，他们都是优秀人才。

第二个场景对比是，我小时候在农村，吃不饱肚子，冬天穿不上棉衣、棉裤，仅有两条单裤，所以冬天在户外活动时，我只有一种方式，那就是奔跑，否则在零下十几摄氏度的天气我很快就冻僵了。冬天，我的脚上都是冻疮，耳朵上也都是冻伤，那时候太苦了！

从那个时候到今天，我为什么能够忍受别人认为很痛苦的生活，或者别人认为是苦行僧的生活？因为我的思维方式和别人不一样，我并没有认为那是苦难。我对朋友很大方，就我本身而言，当然我出差的时候也会住稍微好点儿的宾馆，乘飞机坐商务舱，我觉得第一是花自己的钱，第二稍微干净点儿好，第三能让我休息好一点儿，这对我而言更重要。高质量的生活、高质量的睡眠是高质量决策的杠杆，我不能假装给别人当个榜样、当个标杆。如果是花公司的钱，我会和你们是一样的标准。

每个人都渴望进步，我今天想跟你们讲的是，我是怎样在不同点上不断跃迁的。

当年我和阿里巴巴的马云面对面聊过，去腾讯和马化腾以及技术负责人聊过，与今日头条的张一鸣也聊过，并且一块儿参加过活动，和快手的宿华一块儿聊过，和百度的李彦宏聊过太多次了。在那个年代，我很幸运，和这些人都深度聊过，发现这些人相同的地方在于，他们的思维模式和别人不一样。

我和张一鸣聊天，张一鸣提的全是问题，我与他说的也全是问题；我和宿华聊天说的全是问题，他和我说的也全是问题；我和马云聊天的时候，我也说的全是问题，他和我说的也全是问题。有一次我们聊完后，马云很惊讶地说，原来你们的组织规模那么大，人很多。他说，我这儿才 1 万人，你们有 2 万多人，2 万多人的管理难度比 1 万人的管理难度大得可不止一倍、两倍。他说，我回去让我们的 HR 负责人找你们的 HR 聊聊。我说好，我就让当时负责人力资源的同事跟他们对接。

当年我很狂傲的，也是“少不更事”，你们都懂这场景的。

高途创业并不是一帆风顺的，如果不是当年拿到了 5000 万美元 A 轮融资，如果不是当年我自己还有些资金，坦率来讲，高途根本做不成，我也会感到痛。痛的时候，我就思考，肯定是我的思维模式出问题了，肯定是我以前的思维模式让我有了当时的认知。

创业的时候，换一个场景，其实就需要一些新的思维模式，需要另外的 mindset，但是我不会，我需要从零开始学习。今天来看的话，从加入新东方开始，我也算是在一个相对小的公司里努力工作，从 0 到 1，慢慢地把它做大，完成了自己的目标。

2014 年 6 月的创业，是从一个点开始，慢慢把高途做到今天这样的大公司。今天，我有一个特别强大的能力，就是不断地批判自我、反思自我、迭代自我。

很早的时候，公司有一个会议室叫“无”，就是把自己变成无，把

CEO变成无，那么制度、规矩、流程不就无处不在了吗？使命、愿景、价值观、信仰、意义不就无处不在了吗？“无”旁边的会议室叫“因”，因为我们不少人觉得很苦恼，觉得社会对自己不公平，觉得主管怎么那么变态。我们不少人都会内耗，觉得日子没法过了，每天都有那么大压力，为什么还要工作呢？如果我们认真地想想就知道，我们所担心的这些都是结果，我们所抱怨的这些都是结果。问题的核心是，我们不想要这样的结果。要避免这个结果，就要从根源上找原因。

举一个例子：我昨天中午约了2位近两年没见的行业人物：一位是从高盛出来的，正在做基金；另一位是做金融FA（Financial Advisor）的，非常有名。其中一位在一年多前见我的时候，说自己很痛苦，身体也不好。他才40岁，突然发现自己不行了，眼睛干，看一会儿手机都会觉得要崩溃。他说，老陈，你知道吗？我现在每天跑步、健身，但血糖还是不正常，看手机时很痛苦。他就要求员工不能给他发微信，不能给他发短信，只能给他打电话和留语音。他觉得，生活怎么这样啊？

结果，我昨天见到他，他的状态完全不一样了。他说，我现在变化了。我说，咋变化了？他说以前血糖高，身体指标不正常，原来是因为自己在饮食上没有控制，虽然坚持跑步了，但是饮食上没控制住，所以体重没减下来。他说，在过去的一年，他每天就吃两顿饭，以前140多斤，现在120斤了，指标也全部正常了，他每天都坚持跑步，还把公司规模缩减了，由原来的100多人缩减到50人，他说准备再减掉1/3的人，保留十几个人。当年他在国内可是风云人物，现在他的眼睛好了，眼干症也没有了，血脂正常了，每天还在练胸肌。

我想说的是，他变换了思维模式（mindset）。他并没有认命，没有抱怨。有不少人患眼干症后不知所措，但是他做了什么呢？坚持跑步、锻炼，坚持控制饮食，把体重降下来了，所有这一切都是他自律的结果。

12. 在过去一年里，你在工作中有机会学习和成长吗？

学习和成长从某种意义上讲，应该是你们自己的事，好好规划自己的人生比什么都重要。你自己要争分夺秒地学习、争分夺秒地成长。你越是处在一个更高的位置，你越是会发现，有很多东西自己都不懂，你就会对未知事物充满敬畏。

我到现在这个位置后，做了三件事来帮助我学习和成长。第一，针对我想做的事制定高标准，坦率来说很多事我是不懂的，所以我很敬畏。第二，我在某些领域想要做到高标准，但是很多东西我不会，我现在的方法就是找行业中顶级的咨询公司，让他们来为我讲课、赋能。以前不敢这么做，为什么？因为咨询公司来了之后，并不是给我咨询的，是给核心团队咨询的。以前核心团队不稳定，他们听不懂也接不住，白花钱了。第三，不管怎样我都要提升我的认知，首先要明确我们在哪些方面有问题，找到这个问题，再找到解决方案，这个过程特别艰难。找到真问题，然后找到对的解决方案，这个过程其实是需要一些时间的。

就好比你看别人打网球，拿着拍子拍一下，打中了，轻轻松松就击败了对手，很简单，然而，简单的背后是刻苦训练。在你看不见的地方，那些网球运动员已经训练许多年了。我们做了一个完美决策，你们看到后，会觉得一个决策那么容易就做出来了，实际上，决策背后是经过了十几二十年的刻苦训练，以及不断反思、不断复盘。

当年，我读不起高中，上了师范，17 岁就工作了。

自从上了师范，我第一个卷的人就是我姐姐。我姐姐读高二，我上师范一年级。我跟我姐姐说，你把高二的书给我一些，我要超过你。我周末跟她一起做高二的题。那时候，我有一个目标，就是打败我姐姐。一直到现在，我都在不断地超越她。

当年我到北京后，去新东方辅导客户出国留学。因为没有出过国，我心里很是发慌。你给别人讲出国留学的细则，客户有的是北大清华的老师，问我有没有出过国。我就只能说，不好意思，我没去过。问我是哪个学校毕业的，我只能说，我在人大，他们也不知道我是人大的研究生还是本科生，其实我是刚到北京去人大读研究生。其实那时候我不自信，加上我的普通话很糟糕，而且当时出国留学很难，如果让我马上到哈佛去上课，我也做不到。怎么办？我就争分夺秒地开始旅游，先到日本、法国、意大利，然后到澳大利亚，从而开启我人生的学习旅程。

某种意义上可以说，我是“学习机器”，每年休假期间，我基本都到国外去上课。在我的脑海中，有很多画面特别温暖，也特别滋养我。比如，我曾经住在斯坦福对面的 The Westin Palo Alto 酒店，有时候，晚上在那儿沿着花园跑步。有一次，我看见前面一位金发老者牵着一条金毛狗，我就在后边跟着跑步……很多很美的画面非常滋养我。

你的精神力量来自你的见识，而见识是需要你自己主动走出去才能增长的。我为什么喜欢读书，而且读书读得很快？因为“书中自有颜如玉，书中自有黄金屋”。那些认知很强的人，他们工作了一辈子就写了一本书，我读完之后，就明白了他们是怎么面对困境的。

摆在我面前的有好多条未来的路，我知道每条路通向的结果是什么样的，慢慢选择，我就不着急、不慌张了。是的，我们可能还会面临很多挑战，但是学习和进步的机会就在那儿，你的成长性思维就在那儿，假以时日，你就能很好地超越过去的自己。

Gallup Q12 Questions

Q1: Do you know what is expected of you at work?

Q2: Do you have the materials and equipment to do your work right?

Q3: At work, do you have the opportunity to do what you do best every day?

Q4: In the last seven days, have you received recognition or praise for doing good work?

Q5: Does your supervisor, or someone at work, seem to care about you as a person?

Q6: Is there someone at work who encourages your development?

Q7: At work, do your opinions seem to count?

Q8: Does the mission/purpose of your company makes you feel your job is important?

Q9: Are your associates (fellow employees) committed to doing quality work?

Q10: Do you have a best friend at work?

Q11: In the last six months, has someone at work talked to you about your progress?

Q12: In the last year, have you had opportunities to learn and grow?

源自：

陈向东在 2023 年 10 月 28 日高途集团“追光一期——2023 财年总裁见面会”主题分享实录

第六章　两种思维模式的博弈

我们每天早上起床时可能有几种状态：一种是心情好的状态，满怀热情地去奔赴山海；另一种是心情不好的状态，满怀沮丧地想逃避这个世界；还有一种是不好不坏的放空状态。我相信每个人都希望早上醒来时有一个好心情：哇！真好的一天！即使有雾霾，有阴云，有暴雨，你依然还能说，真好，并且全力、全心地拥抱整个世界。

每个人每天早上起床时的心理状态、心情状态或者看待事物的角度是有很大差异的，有人把它叫情绪，这并不准确。为什么？因为早上起床时没人惹你，也没人烦你，为什么你还会觉得这个世界怎么这样？问题就在你的思维模式上，也就是你的 mindset 和别人是不一样的。

很多人说，幸福的童年能够治愈一个人的一生，不幸的童年需要一生去治愈。这句话很深刻。其底层逻辑是，因为童年的环境给了你很多外在的输入，给了你很多内心的映射，从而使得你形成一种思维模式，你会觉得外面的世界就是这样的。很多时候，这种状态来自原生家庭。

虽然有些人的原生家庭很幸福，但当他们来到一个新的环境后，有可能会遇到很多的场景变化，然后就很容易受到打击。就像我们接触过的很多清华北大的学生，他们通过高考进入了清华北大，有可能一辈子的最高点就在那儿了。到了清华北大之后，他们发现周围有那么多优秀的人，于是，他们不断受打击，不断接受负反馈，心里想着这个同学家里富裕，那个同学家里有人脉，还有的同学有很多见识。这种源源不断的负反馈就会把他们禁锢在一个地方，慢慢地，他们就会失去那种对外主动探索的热情。于是，他们的成长路径就发生了变化。

一、能力重要，努力也重要，思维模式更重要

一个人的能力重要吗？当然重要，但并不是最重要的。一个人的努力重要吗？当然重要，但也不是最重要的。除了能力和努力，更重要的是你的思维模式。你是乐观的、积极的思维模式，还是悲观、消极的思维模式，这是一个人和别人拉开差距的关键点，即在于一个关键的非共识点。比如说，当遇到一种困境，遇到一个至暗时刻，遇到一个大家都近乎崩溃的时刻时，不同的人有不同的思维模式，从而做出不同的选择，这时候人和人之间就拉开差距了。

当年“双减”政策出来后，由于不同的非共识认知，人和人之间就开始走向了不同的道路。到现在为止，“双减”才过去 2 年多，评判人们选择的对错为时尚早。如果高途足够幸运，在未来的日子里，因为有你们而变得更好的话，可能再过七八年，等到“双减”10 年后，我们再来看两年多前那个时刻，就知道我们当时的选择到底是对还是错了。

人的一生也是这样的。当我们到了要告别这个世界的时候，回顾过往，如果能说我没有后悔，我没有碌碌无为，我觉得每个日子我都很值得，则

可以说我们已经达到了一种最高境界的内心状态。

人和人之间不断拉开差距的原因，永远在于人们的思维模式是不一样的。各位伙伴，谁会说自己就比别人笨得多？谁会说自己就比别人得到的机会少得多？谁会说自己选择了一家很糟糕的公司？我们面临同样一家公司，同样一个赛道，同样的外部市场机遇，同样的训练场景，为什么若干年之后，人和人之间会有很大的差异？

努力是一项基本功，每个人肯定想要去努力，每个人肯定想要提升能力。然而，由于每个人的思维模式的底层不一样，所以人们转换思维模式往往非常难，或者说，不同的思维模式最终产生的行为就会不一样。

举一个例子：如果一位男士过去 10 年结了 6 次婚，你想想，最后他还有什么财富？每离一次婚 1/2 的财富就没了，最后 1/2 的 6 次方，他基本上就是一无所有。同样的道理，他换了 6 家公司，他的精神财富或者信仰财富基本上被清零了。你说，还能怎么去改变他？伙伴们有没有是换了五六份工作的？如果你是，你就需要改变了。坦率地说，我们之前有要求，5 年之内换过 3 份工作，再优秀都不要；10 年之内换过 5 份工作，再优秀都不要。为什么？就像女孩儿去追一个男孩儿，如果他已经离过几次婚了，你还要不要把他当成男朋友去追？我相信每个人心里都有答案。

高途在选伙伴、选人才时，要求这个人最起码要有 Engagement 度。大家还记得什么叫 Engagement 度吗？在高途，它主要指的是如何提升你和客户、周围人的亲密度，这是我们最重要的一项资产。

很多时候，你的精力都耗在一个地方了，你的情绪也耗在一个地方了。作为人，你最宝贵的生命就耗在一个黑洞里了，你怎么能往上走？如果阳光能给我们能量，我们就去追光。我们要想拥有最好的、最多的能量的唯一办法，就是朝着光出发。如果你一直陷入情绪黑洞，你的人生将更加悲惨。

二、认知不同，最终结局就不同

这一部分我要分享的主题特别具有针对性，特别具有穿透力，特别能够勾起我当年那种作为技术男的小梦想破灭时的一种心理状态。

你们都知道，我是一个农村孩子，不管是在物质还是其他任何方面都处在社会底层，所以我会对比自己高一点儿的东西很敏感。毫无疑问，我是有同理心和同情心的。

后来我发现，它只是一个维度的同理心和同情心。比如说，穷人家的孩子努力奋斗，能够成为一个相对有钱的人。我的孩子算是所谓“有钱人家的孩子”。面对他们的时候，我实际上需要转换一种心境、心态，去看“有钱人家的孩子”应该怎么成长。所以，我是缺乏另外一个维度的同理心和同情心的，我也需要培养另外一方面的同理心和同情心。

一方面，刚才说的物质层面上的同理心和同情心，我是具备的。举一个例子：我请朋友吃饭时会很大方，我认为菜上得少是不够好客，没有把最好的东西给客人，心里觉得过不去。包括和伙伴们一起吃饭，菜如果不够，我心里觉得对不起伙伴。这是因为穷人家的孩子穷惯了。小时候我去走亲戚，多么希望人家端上最好吃的食物啊！我姑姑给我的一碗面条里有 2 个荷包蛋，我就觉得姑姑特别亲，回去还跟我妈说。那时候，一个荷包蛋就算招待客人的最高待遇了。即便是现在，我自己吃饭时，如果给我一碗面条，我都觉得很香。饺子更是一辈子都不会吃腻的。小时候，过年才能吃到饺子，现在，我吃饺子时都会想到过年那种心境，高兴极了。

另外一方面的同理心和同情心，我也是过去两年才有深刻的认知的。2003 年，我买了一辆很好的车，开车回老家时就有点儿炫耀的想法。小时候的同学那时都在农村干农活儿，他们找我聊天时，我说你们都给我提提意见。他们看看我开的车说："向东，我们对你没有意见，你聪明，小时候就很厉害。"我说："不行，你们今天必须给我提意见，不提意见不行。"最后那些同学说我小时候比较聪明，去问我问题的时候，我说这个问题这么简单都不会。他们说，每次听到这话时，他们都很伤心，我把他们伤得"遍体鳞伤"。我听了后，立刻做检讨，批判自己。所以，我在精神层面的同理心和同情心是不够的。

最近这段时间，我一直在培养自己精神层面的同理心。一方面可能是因为我到了一定年龄，另一方面可能是因为高途有不少国内外知名学校的毕业生，我会尝试去理解他们的精神状态。你们都知道，现在一些年轻人流行去雍和宫拜拜，我就尝试去找一些人聊，问他们为什么要去拜拜。首先，我很尊重他们，但当我去和他们深度聊天时，我发现我对这个年轻的群体是不了解的。

小时候在农村，我受过多少教育呢？但是我就觉得自己好。当时，我们班只有 4 个学生，我总考第一，感到自己学习好，很优秀。但是今天，一个小孩儿如果在城里读书，在一个特别卷的学校读书，一个班有几十个孩子，如果考试成绩排在倒数的名次，他怎么去建立自信？他会觉得，一开始就被别人打趴下了。这些我是没经历过的。

我很幸运，我感谢小时候在农村的贫苦，只有 4 个人竞争，我能够轻松考第一名。现在城里的孩子最少有几十个人竞争，难度加大了。我很幸运，我感谢小时候在农村没有那么卷。后来，我到城市里读师范，在几百人中，我也能考第一名，所以我经历的负反馈相对少一点儿。我接收到的所有的负反馈，就是小时候家里太穷了，吃不饱肚子，但是我从来不认为外面的世界能把我打趴下。我的内心很强大，有人说我的乐观是天生的。当然你们也可以这么认为，生活在那样的环境中，自然而然就乐观起来了。

今天我想讲的是，很多人很优秀，他们考上了北大、清华，但是，为什么考上清华、北大后，有些人反而变得木讷、忧郁，很多事不敢做，并且每天自我怀疑？是什么地方出了问题？我认为，现在的很多学生，在其成长过程中就只有一个标准，即考试，考试第一名就很优秀。一个人没有多元的个人追求，没有多元的评价标准，没有在某个小点上对自己有更多的信心，他就会变得特别不自信，最后，他内在的思维模式和心智模式就会出现问题。

当年，武汉大学校长说过一句话，后来火爆网络。他说："人和人最大的差异不在于是否聪明，不在于智商，而在于是否能够坚持。"我也讲过类似的话："人和人之间最大的差异不在于你的能力，而在于你的认知，所以说人和人之间差异的产生往往是因为认知的差异。"这话好像也被一些人转发，有非常高的播放量。如果有一天，你发现输给了你内心中期待着的自己，那么唯一的可能性就是你的思维模式没有刷新，这就是我们要去思考的问题。

怎么刷新我们的思维模式？我把自己的认知分享给大家，一起在这里学习，一起在这里省思，实际上这也是我们刷新思维模式的一种很好的方式。

我看到你们每人都有一本《如何学习》，如果你们问我，现在招聘一个人，面试时只看一个基本能力，要看什么能力？我会说是学习能力。一个人具备学习能力，其背后的底层逻辑是什么？那就是他的思维模式和别人不一样，他拥有一种成长型思维。

巴菲特已经九十多岁了，为什么每天还在工作？肯定不是为了钱，因为他一直在做慈善。他为什么每天还上班？因为他有一种成长型思维。

任正非80岁了，每天还在上班，还在思考问题的解决方案。难道他是为了钱吗？难道是华为目前没有突破？最重要的是任正非认为，他当下还在成长，他的成长还能配得上华为的成长。这些事例的核心都是成长型思维。

比如，我为什么特别喜欢读书？我为什么喜欢买那么多书？为什么有时候我读书读得如痴如醉？我是怎么读的？有的书我大概翻10分钟就读完了，有的书我读一个小时就读完了，有的书我得读两三个小时，还觉得挺好、挺过瘾，有的书我可能读十几个小时。《美的稳健增长法》这本书，我昨天带着BOC成员一起讨论了十几个小时，一章一章地读，还没读完。有的书我读七八天，每天读三四个小时，就舍不得读了。我不知道你们有没有这种情况：就是有的书看到之后就迫不及待地一口气把它读完；有的好书舍不得读，每天读三四个小时，读完后就在那儿踱步，想象书中人物的成长、人物的对话、关键人物的决策。本书中，我多次说到“书中自有黄金屋，书中自有颜如玉”。

我喜欢读书，我希望我的孩子也喜欢读书，有时候我把我认为特别好的书给儿子读，他翻翻，过会儿说读完了。我说我都读了好几天，你怎么几分钟就读完了。后来我把书给女儿读，过了一个小时她说读完了。我说我都读了好几天，你怎么一个小时就读完了。因为他们确实读不进去，就看看目录和几个关键词，就算读完了。为什么？因为他们没法对话。就像一个小孩翻一翻《道德经》，他觉得没有绘本有趣，就丢掉了。有些书不到一定年龄是读不懂的。每个人都想赚更多的钱，钱是与我们的生命相关的，而生命是由时间组成的，是时间模块的组合。因此，如果我们把“将来想要赚更多的钱”作为人生目标，就应该让自己人生中每个小时的时间都更加值钱。有的时间是直接去赚钱，有的时间是为赚钱做准备，而读书的时间就是最好的为赚钱做准备的一个时间模块。

优秀人士有自己的人生智慧，他们是怎么做的呢？我们这么多技术，这么多重组，怎么变革？技术伙伴可以看开源，可以研究开源，研究最新的代码。你也可以去读书，包括读年报、读文献、读最新的资料，那种感觉美妙极了。如果你能去研究书中的东西，你的系统思维能力就比别人强得多。很多人看别人做时往往会说，我也行，你做一下试试？

别人失败撞墙了，我们嘲笑他，我们就看到了他失败撞墙的一面。人们去观察、评判一个人时，总是用外在的东西来评判，或者说用他的那些缺点来评判，而很少用他的胜利、优点以及他的那些真正不一样的地方去评判。我们总会说，那人当年也就那样。但是，为什么随着时间流逝，人家比你要厉害得多？问题的背后是你没有看到他另外的东西。

我们不去做一件事的核心原因，是我们没有认识到那件事的价值，我们的思维压根儿就没有在那个世界里，我们在用另外一个世界的思维来思考问题。我们的思维模式到底是乐观的还是悲观的？比如，你看到别人都感到悲观的一件事，你却感到很乐观，这才是乐观主义思维模式。比如，在一件事发生的时候，别人觉得很糟糕，你却觉得可能是机会。比如，你被老板批评了，虽然被老板批评不是好事，但是你把事情解决了，能力提升了，老板欣赏还是不欣赏都没有关系。特别是遇到一个糟糕的老板的时候，你能学到的东西往往比遇到一个优秀的老板要多得多，这是我很早就建立的一个认知。因为糟糕的领导能让你知道这个地方让人不舒服，这个地方很差劲，将来你就不会做这些事了，也就是你人生中的止损清单。人这一辈子最难的就是，你要去建立你的止损清单，要思考什么是你人生的戒律，什么是你人生的原则。

你不可能总是遇到糟糕的老板。如果你遇到一个好的老板，能够很幸运地被重用，就能获得很多锻炼机会；如果你遇到一个糟糕的老板，你能够穿越这样的困境，这对于你提升领导力是有帮助的。另外，你在生活的磨炼中，也能学到很多知识，知道什么是对的，这也非常好。

什么是好的领导？如果我们永远从客户需求出发，我们再回到一个原点，就可以看到，什么是好的领导，什么是好的上级。

三、最为重要的是具备学习的能力

我认为，一个人的学习能力很重要。比如，你看到一份简历，本科背景是211大学，但他在过去短时间内换了5份工作，你还录用他吗？肯定不会的。他有学习能力吗？他不具备，因为他天天心里想的是寻找外部机会，随时准备跳槽，没有解决根本问题的能力。

如果一个不错的人来工作，能做到80分，他可能就有点儿不太愿意多奋斗了；而另外一个新人，虽然只能做到60分，但是他有精进学习的意愿。你到底要哪个人？这要看你的团队有没有成长体系，如果有的话，你不要用80分的人，一方面成本高，另一方面他有一套自己的想法；要用那个60分的新人，他正在成长，极具初学者心态，会更加努力、更加投入，成本又低，有一天他能够做到90分。如果有些80分的人进来后不学习，慢慢变得自卑、纠结，并且还内耗，那他们给团队带来的结果将是负向的。因此，我们招人时要招尽管当下只能做到60分，但是极具学习能力的新人，这样的人潜力大、有毅力、有韧性，成长的空间也是非常大的。

华为为什么存在“35岁现象”？因为不少人到35岁后，就不做自我归因了，他们会觉得是周围人和社会环境不好。在华为，如果35岁还做不到一定的位置，有些人就会让你离开。当然，不是说到35岁就会被要求离开，华为还是有大量的40多岁、50多岁的员工的，他们勤于学习，不断实现自己的人生价值。可见，年龄不是筛选员工的唯一标准，但学习能力无疑是一个重要的标准。

为什么华为很多产研人员到了35岁左右就不给晋升名额了？因为到了这个年龄，很多人不学习新技术，不去拓展边界，工作能力不够突出，加不了班，工资又高。然而，清华、北大校招生的成本可能是你的1/4，甚至1/5。在AI时代，清华、北大校招生有可能学习一年就达到你工作10年的水平，除非你的认知、你的知识体系非常强。每个人内心深处都希望拥有巨大的财富，如果你要配得上这样的财富，你的能力和学习力也要配得上，以弥补差距的鸿沟。如果鸿沟没有被弥补，你的宏大梦想就是空谈。

什么是我最看重的？学习能力，这个最底层的逻辑。学习是个结果，因为你具备了学习的能力，所以你学得比别人更快、更多。

今年10月24日是高途的程序员节，效能效率中心的伙伴获得了大奖。有的技术伙伴说，他们是怎么获得的大奖？他们有的伙伴也不是搞技术的，不会写复杂的代码，居然能获奖？究其原因，你们的思维模式与别人不一样，你们比的就不是一件事，他们不是跟你们在比较，不是在跟你比谁写Java写得好。在当今这个世界，我们会不会被替代？这是大家可以去认真思考的。

为什么我们会产生差异？因为我们在做事时都有一个计划（Plan），

计划之后再执行（Do），执行之后会检查（Check），检查之后会调整和提高（Action）。我们每天都要做这种 PDCA 的循环，这种循环的核心是你每天晚上睡觉前想一想，有没有可以做出改善的举措。也就是说，如果你今天晚上睡觉时比早上醒来时多思考一点点，或者说你今天晚上睡觉时比今天早上起来时能够学到的东西多那么一点点，那么这就体现出了 A 的价值。我们常说“三省吾身”，“三”是多次的意思，“省”就是进行内省，核心在于 A。调整 A 之后形成什么？形成了新的标准 S（Standard），它相当于新的 P。我们按照新标准做就是 D，做完之后再检查就是 C，最后我们通过 A 来改善、提高。A 调整完之后又成了我们新的 S，S 之后又到 A，A 之后又成为我们现在的 S，S 之后又成了我们的 A，A 之后形成我们的 S，之后就是 A-S-A-S-A-S-A……形成了我们人生迭代的法则。

我们不能每天都重复着过往的认知，而是要刷新每天的认知。技术伙伴的技术能力，比如写代码的能力，有根据外部的变化而变化吗？今天有 ChatGPT、AI 等新技术，有句话说，未来那些真正让人恐惧的人，不是给 AI 写代码的人，而是那些会驾驭 AI、ChatGPT 的人。

1998 年，我刚到北京时，不会使用电脑，不会打字，当年我甚至天真地认为，我这么聪明是不需要打字的，将来雇个人打字就行了。今天想来是不是很愚蠢？当年很多打算盘的人也觉得，Excel 表有什么用？算盘打好就行了。同样道理，今天有很多人还不会使用 ChatGPT 和 AI，他们将来就有可能被社会淘汰。就像我们父母辈的有些人一样，不愿意接受新鲜事物，接受能力慢，渐渐就被社会淘汰了。而微软会如此激动地说，他们要做出 Microsoft、做出 Windows Copilot。

有些东西不能不认识、不知道。如果不会，就有可能被淘汰。我们的技术伙伴有没有足够的恐惧感、饥饿感、紧迫感？是不是每天在刷新自己，迭代、迭代，改革、改革？现在很多人没有，很多人还在舒适区里转，在舒适区里自我安慰、自我开心。直到有一天，你会发现世界已经变了，这就是没有抓住核心的后果。

假如这是我们的第一个日子，那么第二个日子、第三个日子、第四个日子、第五个日子，这就是一周的工作日，你每天都在反思、复盘，到一周结束时，你就可以看看这一周的周目标或者周计划有没有完成，与过去的自己有没有差距。计划目标是 P，实际完成可能是一个值，因此，如果实际完成的量和 P 之间存在差距，可能就是我们出现了异常，对不对？这就是我们的方法论。发现有差距、存在异常了，我们就要分析异常的原因是什么，哪一部分属于周边合作者的问题，中间的卡点是什么，由此得出反思和知真经验教训。

这个知真大家一定要记住，千万别犯同样的错误。在一个团队里，大家要去互动，互动之后，我们就要行动。一周后，如果发现有差距了，在分析差异、推导之后又要去行动，其实这又回到原点，还是行动。后来你会发现，原来这就是“知行合一”。在知道了之后行动，连起来就达到了王阳明所说的最高境界。

陶行知的本名叫陶文濬，他说，王阳明说得好，“知者行之始”，因此他就改名为“陶知行”。过一段时间后，他发现还是不对，如果知道了没有行动就等同于还是不知道，因为他意识到了实践的重要性，因此就改名叫“陶行知”。行知倒过来是知行，知行合一的前提是你要行你所知，这个“知”不就是我们说的“知真”吗？

四、财富就是一连串小的习惯的总和

知真思维模式的反面是知假思维模式，很多人的认知其实是假的。比如，对于刚入职场的新人的需求，我每次都跟他们争论。我说，对于刚入职场的伙伴来说，毫无疑问，他们的梦想是多赚点儿钱，这是对的。我当年到北京也是想多赚点儿钱，聊什么人生崇高的理想！我就是觉得我要在北京赚很多钱，我要买个大房子，让我爹妈过来一块儿住，这就是很朴实的梦想。

首先，我们每个人都想赚钱，这是天经地义的。其次，赚钱要合理合法，要靠劳动。如果我们认为赚钱是真道理的话，就像“发展才是硬道理”，赚钱是我们的“真”的话，我们就要知道钱在哪儿，我们跟钱在一起不就赚到钱了吗？所以说，梦想的出发原点是，你要知道什么地方有钱，然后你到那个地方赚钱就可以了。你知道钱在哪儿，这个地方不就是“真”吗？这不就是“知真”吗？为什么很多人忙活到最后还是竹篮打水一场空，就是因为“知假”了。钱在这边，而你跑到那边，南辕北辙，怎么能赚到钱？

我们要挣到钱的唯一方法，就是我们要知道钱在哪儿；我们不想丢钱的唯一方法，就是我们要知道钱会在哪儿丢。比如，时间就是金钱，时间就是生命，丢时间就是丢钱，丢时间就是丢生命，如果我们想把钱保住，就不能丢时间。哪些时间容易丢呢？比如，一直刷抖音、打游戏，一直郁闷、纠结、痛苦，这些东西都会把我们的时间给偷走，我们要坚决拒绝。如果你觉得通过打游戏可以赚钱，通过刷短视频可以赚钱，通过郁闷、痛苦、自责能赚钱，那你肯定赚不到钱，因为你知假了。你要知真。如果你要把这个真的东西拿到，不断努力，慢慢地你不就拿到钱了吗？因此，获得财富的表象是我们要赚到钱，背后其实是我们要赚到认知。你能不能通过知真思维模式找到真，读完这本书后，大家可以尝试梳理、刷新你的底层思维。

有句话叫“习惯决定性格，性格决定命运”。命运不就是钱吗？命运不就是我们要的那种幸福吗？“习惯决定性格，性格决定命运”倒过来说就是“命运来自性格，性格来自习惯”。我们把它归纳一下，什么叫习惯？习惯来自你的底层思维，你的底层思维驱动你的习惯。比如，你能不能每天早起，这是习惯；你能不能每天吃早餐，这是习惯；你能不能每天晚上不去做那些无聊的事，这是习惯；你能不能做到不纠结、不痛苦、不抱怨，乐观地面对每一天，每天早上醒来时说“真好”，这是习惯；你能不能遇到问题可以不耻下问，这也是习惯。

好多伙伴问我，怎样能够成为你？我说，成为我很简单。高途的文化价值观是怎么说的？我的习惯是什么？习惯就是每个日子里重复的行为，每个日子里的信念，每个日子里你和别人一块儿努力所形成的你的期待、你的价值观。因此，价值观就是人的日常行为的总和。日常行为不就是人的习惯吗？所以，价值观就是人的习惯的总和，价值观就是人的一连串的习惯的总和。或者说，人的财富就是人的一连串的小习惯的总和，它们成就了我们的价值观。

这样讲的话，所有获得财富的流程就能推导出来了。我们每个人应该从什么地方开始？我们都想有一天赚大钱，其实财富就藏在你的每一个日子里，藏在你的每一个日子里的每一个习惯里，藏在你的每一个日子里的每一个习惯的不断累积之中。这就是我们所认为的财富。

有人说，我每天都这么努力了，怎么还是没赚到钱？那是因为你胃口太大了，钱不在你的眼前，它在更远的地方、更艰难的地方、在别人到不了的地方，那里才有你能赚的大钱。

其实财富就是你解决问题的能力，你能解决很多问题的能力。你能解决的顶级问题越多，你的能力就越大，最后你的财富自然而然就越多。

因此，你要坚持长期主义，要不畏艰难，要有乐观主义精神。就像《西游记》里的唐僧，经历了九九八十一难，到达西天才把经书取回来。其实，《西游记》这本书讲述的不仅仅是一个纯粹的故事，它折射出来的是我们每一个人都要面对的人生哲理。如果我们想成为唐僧，真正能够取到经书、被世人传颂，真正能够成为无限游戏的玩家的话，我们也需要经历自己人生中的九九八十一难。

人生的游戏有两种：一种叫无限游戏，另一种叫有限游戏。有的人活着，他已经死了，叫有限游戏；有的人死了，他还活着，叫无限游戏。唐僧的故事还在我们的世界当中，还在我们的谈笑当中，还在我们大家共同想象的、无限编织的世界当中，这说明唐僧就是无限游戏的玩家，也可以说唐僧今天还“活着”。如果你想成为像唐僧那样的人物，取到经书，取得举世瞩目的成就，被世人念念不忘，核心的方法只有一个，即你要经历唐僧的九九八十一难，虽然路途艰险，困难重重，但你需要一直坚定、乐观，最后取得真经。我不知道大家能不能理解，《西游记》这本书表面上是一本书，其实它本质上揭示的是一个真正庞大的、让你觉得很丰富的、能够启迪你的心灵的中国哲学和中国智慧，这是我从书中读到的。

我们都如此渴望成功，我们都如此渴望财富，我们都如此渴望地位，我们都如此渴望名声，所有的渴望本身其实就在脚下。“不积跬步，无以至千里”，只有把每个日子过好了，慢慢地累加，有一天你才会发现自己其实已经翻过了一座山。如此积累、叠加，你就到了一个别人没到过的地方。所以我们才说要全力以赴，我们才说艰难的路上不会拥挤。

放弃是很容易的一件事，我不干了，我要跳槽，反正“此处不留爷，自有留爷处”。实际上，即便你选择一家好公司，也可能会有坑坑坎坎。你必须走下去，不管遇到什么样的挑战。你要不断突破自我，不断学习，跟得上外部的变化，让自己变得更加强大，这样你自然就成长了。

五、找到真问题

我们在检查中最难的是什么？发现问题。比如，有的人总认为自己身体健康，突然有一天，身体出现问题了。我们为什么要去医院找最好的专家？就是希望最好的专家能够帮助我们找到病因，找到我们的真问题。这个问题（problem），核心是你要每天发现问题。

作为 CEO，公司里的人找我，一般做什么？不都是反馈问题吗？不少人想做 CEO，但当你做了 CEO 就会发现，每天每个人推开门找你，99%都是问题，肯定不会是每天早上推门进来夸奖你。我每天早上醒来都在想，高途什么地方可以做得更好，我做的哪些事给高途的贡献最大，等等。有人说，如果你爱他，就鼓励他做 CEO，因为 CEO 能赚很多钱，有很多财富；如果你恨他，就让他做 CEO，因为 CEO 有无穷无尽的烦恼，每天面对的都是问题。而且有时候没人跟你商量，有些问题只有自己能解决。你要克服内心的障碍，把自己变成“无”，然后慢慢地让别人变成“有”。

三四年前，高途布置了一个会议室。当时，我给会议室起了一个名字，叫“无”。有伙伴问，为什么叫“无”？我说，第一，如果我们不自私，以高途为中心，把高途放在第一位，我觉得这就叫“无”。当然，我也要去掉自己的“贪嗔痴”，尽管现在还没去掉，但我一直在努力。我有目标，我的目标就是争取做得比 99% 的人好一点儿，这是我的追求，所以对于高途，我希望的状态就是高途有传承、有制度、有文化。第二，原来没有高途，后来慢慢就有了，叫“无中生有”。高途的影响力逐步变大，最高境界真的应该是无。我经营高途时，一直在思考怎么能够把我变成无：一方面，Larry 好像不存在于这家公司；另一方面，Larry 在公司里应该是无处不在的。如果我能通过培养更多的人，让他们能够和我一样，他们都在，这相当于我可以不在了。或者说，如果高途制定的很多制度、规章、流程无处不在，那么 Larry 就可以不在了。

另外一个会议室叫“因”。有句话叫“菩萨畏因，众生畏果”。有伙伴说，Larry，我怎么还没赚到钱？我怎么还没有被提拔？那个糟糕的主管又让别人晋升了？在这些时候你会觉得很痛苦，但是我认为，众生畏果的时候，很多人没有去想因。思考因的核心点是要想一想导致结果的因是什么，只要把因找到了，结果自然而然就在那儿了。

“追光一期——2023 财年总裁见面会”共分为 5 期，刚开始他们做得蛮好的，计划分成两个班。我雄心勃勃地说，这些伙伴太重要了，我们可以分成 5 个班，每个班人少一点儿，我要和大家一块儿爬山，一块儿团建。后来我发现我的时间完全不够用。因为我还没有做到一种境界，就是能够“从心所欲，不逾矩”。比如说，我都到了今天这个年纪，你们可以看到我有很多不完美之处，我到今天也会做出相对没有那么好的决策。

会后，我喝了好多酒，有的伙伴没有离开，我和他们一起畅谈人生。那么多伙伴在一块儿，各自畅谈梦想、人生，不辜负这美好的夜晚。人生中有时候就是要聚在一起，我觉得非常好，这是一种状态。

有一个周末我突然发现，从中午 12 点到晚上 6 点 30 分都没有安排工作，以往我都一个人坐在那儿，这次我想去爬山，就找到几个伙伴，中午 12 点简单吃了饭，就去了玉渡山。我通常会固定爬几座山，在某一个时间段去一些地方，这其实就是和自己做内心对话。我发现，一切好像都没有变，我自己没变，我的好奇心没变，我的体力也没变，只是年龄大了。

我在路上读了一本书，读到其中一句话的瞬间，我惊呆了。老子说："天下万物生于有，有生于无。"我想，对企业来说，什么是它的有，什么是它的无：实体组织、物质利益、企业的发展历史等，这是企业的一种有；理念、精神和发展逻辑是企业的一种无。一家公司赚的钱是无，因为它总会花完的，而一家公司的价值观、制度等是一种有。有是无的质，无是有的量。解读这句话的人是黄卫伟教授，他曾做过华为的顾问，如今也 70 多岁了。我真佩服他，他的话一下子就击中了我的内心。

后来我想想，如果高途未来能够成为一家非常有影响力的公司，它就变成"无"了，无处不在了。而真正能变成无的核心的"有"是什么？就是高途的精神哲学，高途的价值观。换句话说，高途的有就是无的质，真正内在的东西才能支撑我们不断往前走。将来你的无，你的无处不在，你的财富的无处不在，都来自于你今天内心里的有。如果内心里没有的话，你怎么可能得到你要的那种无？当然，内心里的有，也是需要随着时间的迁移而不断刷新、不断更改的。

小时候我在农村，吃不饱肚子，家里房子还塌掉了，当时我就希望赚点儿钱，能吃饱肚子，希望有一天赚更多的钱，把家里的房子修一修。这个想法实际上是虚无缥缈的，叫无。真正的内在是什么？我要好好读书，我不能浪费时间，我要争分夺秒。有一点我非常自豪，我从 14 岁起到今天，我没有浪费过时间，我在时间的运用上能打败绝大多数人，在勤奋这件事上，如果谁要和我比的话，我基本上是不会输的，因为我这么多年真的做到了。我小学是在农村上的，天天干农活儿，起点比别人低，我认为自己唯一的缺点，就是在做事过程中，我的深度思考能力不够，这是对我最大的挑战。

过往我确实很幸运，在人生的关键节点都遇到了很好的标杆。不少人问我是怎么学习的。如果让我说一个学习方法的话，那就是标杆学习法。我在不同时间段都会找到一个特别牛的人作为标杆，跟着他学，如饥似渴地学。比如，我在中国人民大学读书时，我的导师就很厉害，我经常向导师请教，虚心学习知识。每年教师节，我都会和老师们一块儿吃饭，其他同学可能不懂其中的原因，可是我心里清楚。我多么感激各位老师啊，每次和老师们吃饭我都可以问一些问题，他们把自己几十年在北京生活和工作的智慧、认知给了我。

1999 年我到了新东方，遇到俞敏洪老师，他带给我他积累了几十年的认知。我创业的时候，也得到了很多创业者的认知。后来想想，如果在 20 年前，有人跟我讲底层思维很重要，要静下心思考、思考、再思考，那么我在创业过程中就会做得更好，我犯的错误也会少一点儿。当然，我也没法回去了。这就是我，我不能纠结过去，唯一的方法就是，过去的就让它过去了。现在我每天都在让自己进步，努力让未来的自己做得更好一点点。这就是为什么我最终总结出了我们的知真思维模式。

我们在面对异常结果时，要思考自己的起点在什么地方，要思考异常本身是什么。你能赚多少钱，取决于你能解决多少问题。我们的人生是从解决问题开始的，而解决问题是从问题的捕捉开始的，除了要发现问题，除了要让别人汇报问题，你还要能够主动地去洞察问题，这叫 Problem Catch（问题捕捉）。

六、从思维出发

我脑海中有一个画面，就是小时候打乒乓球时，我拿着拍子啪的一下子把球打过去，再用拍子接球，这叫捕捉。可能对方当时打过来一个很刁钻的球，试图让你接不着，但你还是啪地打回去了，那种爽感叫问题捕捉。

我们发现，异常是从一个问题捕捉开始的，在那么多问题中，肯定有假问题，需要除去那些外在的、具有迷幻性的问题，才能获得真问题。找到真问题后还需要深度思考。

我们要深度思考，甚至自我假设、自我质疑，还要进行多样化沟通。什么叫多样化沟通？比如，你有一个想法，可以跟同级沟通、跟下级沟通、跟上级沟通、跟外部沟通，甚至不断读书、不断对话，形成一个逐步且多样化的沟通过程。这是一个不断检验的过程，一个形成共识的过程，也是一个不断自我锻炼的过程。

我们为什么要跑步？就是要把多余的赘肉、多余的脂肪耗散出去。我们为什么要做多样化沟通？就是要把我们的错误认知、冗杂的信息，以及内心不正确的东西耗散出去。这时候，我们就可以做出高质量决策。

你是否觉得“PRDDH”这 5 项很熟悉？这 5 项不就是我们经常所说

的 P(Plan)，计划或目标吗？我们先捕捉问题，找到真问题，深度思考，多样化沟通，最后做出高质量的决策的过程，就是我们经常说的 PDCA 中的 P。

很多人只顾着制订目标、做计划了，如果目标和计划本身是错的，方向就错了，就是我们说的南辕北辙，这时停止就是进步。有的人把方向搞错了，该坚持时没坚持，不该坚持时却坚持了，这就是人生的灾难。一开始目标定错了，再努力也没用。

高质量决策之后，我们就要高效执行，对应 PDCA 里的 D（Do，执行）。高效执行时我们需要看 2 个方向：一个是回头看，另一个是往内看。在看的时候，我们要思考，我们的内心是在怎样一种状态下做出这样的决策的。最终，我们从自我层面总结，我们需要有哪方面的提高，我们需要哪方面的改善，慢慢地就变成一个刷新后的自己了。

在做了回顾内省后，你再做这些改善，最后不就刷新成了最好的自我了吗？在这里，有些细心的伙伴发现密码了，这个密码就是 PRDDHERR，叫“知真思维模式”。

每一周，我们都会做 PRDDHERR，也会有 PDCA，还会有 AORIA，它们是完全能通畅地对应起来的。因此，我会把我们的 PRDDHERR 作为我们的认知底层，作为我们人生行动的最底层，作为我们冰山之下的部分，也就是我们所说的“知真思维模式”。

七、高途的几个方法论

有些伙伴想赚很多的钱，今天在这个 A 点，但想从这个 A 点到另一个 B 点是需要爬坡的。如果你的梦想很大，你就要使劲往上爬。一个人肯定爬不上去，就像把很大的雪球往上滚。赚大钱，一个人往往是做不到的，是需要团队合作的。这个时候你要明白：第一，你要往上走，越往上走人会越少；第二，你需要有伙伴和你一块儿往上走，你一个人肯定不行；第三，走的时候你们还要共同遵守一些知真思维法则，同时在这个过程中最好走一走、停一停，休息一下，总结一下。有些人想直接跳下去，但这是悬崖，不行！那么，厉害的人是怎么走的？退回到你的初心，初心是 original aspiration，你回到原点，再一点点往上走，这样不就能走到你人生的高点了吗？这中间就用到了我们的 AORIA、PDCA、PRDDHERR 等原理。

刚才说的是高途一周工作用到的方法论，但人生的坡度可能需要三五年，因此我们未来会有 5 年规划。高途是 2014 年 6 月创办的，到 2024 年 6 月刚好是 10 年。我们到 2025 年即第 11 年时，会准备面对第三个 5 年，这就需要制订一个 5 年计划。比如，除了 2024 年到 2029 年的 5 年规划，我们还要做 3 年战略。3 年战略是什么？就是我们的 ICCOOCOM，随后，根据 3 年战略再做一年的工作计划，就是 OVMOM。Objectives 是目标，Values 是价值观，Methods 是方法，Obstacles 是卡点，Measurements 是衡量指标，这中间伴随着全面预算管理。

每个季度我们都会做 QBR，双月 BBR，每个月 MBR，每周 WBR，用的工具是 AORIA，每天会有 DBR，用的工具是 PDCA。如果把它画成一个倒三角的话，我们就会发现一个非常完美的规划，未来我们希望高途有我们的 5 年规划，有我们的 3 年战略，有我们的一年计划，有 QBR、BBR、MBR、WBR、DBR。每天 DBR 的起点在哪儿？它在我们每个人身上，通过我们的这些工具，我们把一个原始起点变成一个我们，这就特别完美了。从个人成为我们是一个攀登悬崖峭壁的过程，它背后的知真思维模式是 PRDDHERR。今天大家来审视和检讨我们底层思维的时候，这就是大家应该具备的一种思维模式。

任何一家公司慢慢地都会有自己共同的语言，为什么我要求产研要写出统一的代码，从一个伙伴的视角把系统整合？因为我们做的 CRM（Customer Relationship Management）和 EES（Engagement and Efficiency System），其实是系统层面的工具。有趣的是，如果这些是提高效率的工具，那么未来 AI 和 ChatGPT 的工具如何融合使用？另外，我们的这些 ICCOOCOM、PRDDHERR、AORIA、OVMOM 等原理其实也是工具，这就是为什么说我会定位到我未来 5 年所干的事。

八、我为什么如此努力工作

很多人问我，Larry，你为什么如此努力工作？

第一，我如此努力工作绝对不是为了你们。

第二，我如此努力工作，首先是为了我自己，这是我的生命。如果一个人的生命是为了别人，这是荒唐的、虚伪的。你们想想，我工作凭什么为了你们？我如果是为了你们而工作，我每天会压力很大，我会痛苦的。有时候我也羡慕那些跳广场舞的大妈，那是一种非常好的生活方式；我也羡慕我父母，他们可以种种菜，在家唱唱歌，这也是一种非常好的生活方式。我能不能像大妈一样跳广场舞？我能不能像我父母一样在家里弹琴唱歌、种种菜？不能。那不是我的生命，我的生命就应该是当下这种工作的状态。

第三，你觉得我是在工作吗？其实不是，我是在生活，这是我的生活方式。如果我是为了生活、为了赚点儿钱的话，坦率地说，我 10 年前赚的钱就够我花了，我为什么还要做这家公司？因为我把这家公司当成一件艺术品。换句话说，你们能想象吗？高途只有一个人可以不在公司，也不应该一直在公司，那就是这家公司的创始人。因为他是唯一的，他如果天天耗在公司的内部事务中出不来，就没人去看方向、定策略了。如果高途未来能够在大家的共同努力下成为一件艺术品的话，那就需要有一个人用更多时间以外部视角审视。这样的话，我就知道我作为公司的创始人该做哪些事了，这是我这几年才悟到的。

我也咨询了不少企业家，他们也是这样的。像巴菲特，他已经九十多岁了，每天还在上班，他工作是为了赚钱吗？不是的。他是在工作吗？不是的。这是他的生活方式。也就是说，我每天的工作不是大家常规意义上理解的工作，我认为这是我的生活，这是我的生命，这是我的每个日子，与别人无关。我必须把我的每个日子过好了，我才有资格、有脸面、有尊严地说，各位伙伴，我也是为了你们，我做这些是为了配得上你们。这是我的人生。

总之，我所有的努力，第一，为了我自己；第二，为了配得上高途各位优秀伙伴，让各位觉得 Larry 确实能带着大家，让大家能够过上配得上的生活；第三，这是我的生活方式。

高途的哲学是“开心工作，幸福生活”。什么叫开心工作？就是工作要开心。什么叫开心？就是打开内心。把内心打开，你不就开心了吗？在工作中，为什么你会觉得特别痛苦？那是因为心堵了。为什么心堵了？因为你没有把心打开。如果你的心能打开、能合作、找人解决问题，心就不堵了，你就开心了。所谓幸福生活，什么叫幸福？幸就是幸存的意思，福就是福分，也就是说，我们如何能够让福分幸存下来。

比如，我们打赢了一个小胜仗，赚了一笔钱，怎么能够继续打赢小胜仗，赚到更多的钱？需要不断努力。我是一家公司的创始人，如果成为创始人是幸福和福分的话，我要思考怎么能够让我的福分多留存一些。我能够配得上你们的信任和努力，这不就叫幸福吗？如果说我们的工作是开心的，而工作是生活非常重要的、不可分割的组成部分，那我们工作开心不就是生活幸福吗？当工作和生活融为一体时，这就是我的状态，这也是一种境界。当你觉得自己好幸福，能找到一种意义，能够把工作和生活画上等号，并通过工作来修炼你的智慧、品行、人格时，这是一件多么美好的事情啊！

人生有时候就如同遇到雾霾天。即使当下看到的是雾霾，其实只要我们拨开雾霾，就可以看到灿烂的阳光，只不过是雾霾暂时遮挡了我们的视野。而生活中可怕的是我们纯净的心灵被雾霾遮盖，以至于看不到未来，看不到前途，看不到光明。于是，我们就开始陷入一种情绪黑洞。

人和人最大的差距还是思维模式，思维模式取决于你是乐观的还是悲观的，这就是本章开篇的内容。我们每天早上醒来有两种可能的态度：一种态度是乐观的，觉得真好；另一种态度是悲观的，觉得外面又是雾霾，这么痛苦。当你去享受你的每个日子时，你不就是在享受你的生命吗？当你享受你的每个日子时，你的每个日子不就是幸福的吗？当你享受你的每个日子时，你的每个日子不就是你的工作开心和生活幸福吗？

源自：

陈向东在 2023 年 10 月 31 日高途集团“追光一期——2023 财年总裁见面会”主题分享实录

第七章 道：胜兵先『胜』

本章我想跟大家分享的是 mindset。从某种意义上讲，我们成长的过程，往往是我们的 mindset 不断刷新的过程。如果按我的理解，在我今天的这个年龄、这个时间点上，我会把它叫“道”。接下来我会分 3 个部分展开和大家分享：

1. 以终为始；
2. 产品、伙伴和客户；
3. 自己。

一、以终为始

以终为始，就是当我们能够以终局来开始我们当下的时候，我想这就是人生最大的快乐，其实也是人生最有可能取得巨大成功的时候。我们都想想，如果我们想要的东西是我们的结局，而我们从一开始就获得了我们想要的东西，那将是人生多么美妙的图景啊！

当我们说到以终为始的时候，不妨看看我们每一个个体、每一个人。我们的身体在 20 多岁的时候，都是很棒的；我们积累的知识构成了大学毕业之后的智力，我觉得也是够用的。为什么我们的身体可能没问题，智力也没有问题，但我们在生活中慢慢地有了问题？比如我们今天不开心；比如今天我怼了别人且又被别人怼了，我很痛苦；比如我今天没有得到主管的认可，非常沮丧；比如我今天和家长沟通，结果家长拒绝接我的电话，后来接通电话了但又把我骂了一通，让我觉得人生如此灰暗；比如今天系统刷新，结果它崩了；等等。这些都会让我们处于一种人生的低谷状态，这个状态说明我们的情绪出了问题。

当一个人的情绪总是出问题时，他的精神状态就出问题了，因为他会把所有的事情都往坏处想，他所有的思维模式都处于一个悲观的状态中。

伙伴们都想想，我们二十来岁进入职场，不管怎样我们的身体在当时是没有问题的，我们的知识、技能也是没有问题的，而往往是我们的情绪波动导致情绪出了问题，于是我们号啕大哭，不管不顾，最终我们的精神状态也出现了问题，甚至睡不着觉。你睡不着觉的时候，你的身体就出现问题了。当你的脑袋蒙的时候，你遇到一些不该激动的事时，就开始激动了，你的情绪再次出问题。情绪问题的出现，反过来又影响你的精神，精神世界坍塌之后，你又睡不着觉，需要通过药物来助眠，对不对？如果这样还不行，那你晚上怎么睡觉？你就会采取各种措施强制自己睡眠，这样效果反而不好，早上也不想起床，每天早上醒来都是痛苦的。

我们从整体来看，人生可以分为 4 个维度：

第一个维度是身体（physical）维度。

第二个维度是智力（mental）维度。

第三个维度是情绪（emotional）维度。

第四个维度是精神（spiritual）维度。

对我们每个小伙伴而言，我们的身体应该是健康的。如果想做到身体健康，我们就必须从现在开始锻炼身体。我们的智力是正常的，当然，我们要多读书，我们要多学习。我们的情绪是稳定的，我们需要练就一个好的心态。好的心态来源于什么？来源于你更好的身体、更强的能力。如果你的能力非常强，如果你就是觉得“此处不留爷，必有留爷处”，你就不会受别人的左右。当你的情绪非常稳定时，你的精神世界就是喜悦的。当你的精神世界处于喜悦状态的时候，你是不是发现，你的人生就完全不一样了？每天都会觉得特别开心，每天都觉得特别欢乐。

很多伙伴曾经问我，Larry，我觉得我的能力肯定是没有问题的，我也非常努力，但为什么最终我觉得还是没有取得我想要的成就呢？我说，其实我们在这里都可以看到，特别是我加入高途之后，我在任何场合里跟大家聊天时都会说，你们大学毕业能够加入公司，能力起码没问题吧？加入公司之后 5 年，成了“5 年红”，应该说能力更加没有问题吧？然后你不断努力，在过去几年里一直很努力，努力的过程中也没有问题，而为什么到 10 年、20 年后，你们和别人之间的差距就非常大了呢？原因往往在于你的思维模式与别人产生了差距，也就是遇到一个重大事件的时候，你持的是乐观的思维模式，还是悲观的思维模式，这最终决定了你的心态是乐观的还是悲观的。

换句话说，人生的成功方程式就是：能力 × 努力 × 思维模式 = 成功。

高途的每一位伙伴都如此渴望成功。假如成功就在那儿，你要问的是，你的能力够吗？不够就学、就练。你够努力吗？不够努力，那你就想办法比别人多花点儿时间去努力。最难的事是什么？建立正确的思维模式。在你的思维模式中，你是悲观的还是乐观的？什么叫悲观呢？比如，你明白自己要什么，但因为突然遇到一个外部事件，或者遇到外部的一个诱惑，你可能就感到悲观而不去行动了。

我悄悄地给大家“骄傲”一下，我是 17 岁开始教书的，今年是我教书的第 36 年。如果说在整个中国的教育领域里，我算是有点儿成就的话，你们一定要记住一点，那就是因为我能持续做，坚持 36 年，这才让我成为那个“有点儿成就”的人。我在这 36 年当中也不是没有动摇过，也不是觉得我一辈子就要做教育。其间我也动摇过，我也被别人拉扯过，在这过程中有段时间我感到特别痛苦。但不管怎样，我就多读书，请教别人，逐渐地把自己从失败的边缘拉回来，继续走在了这条成功的路上。然后我不断地提升我的能力，每天付出更多的努力，我依然乐观地走在这条路上，慢慢地就获得了更大的收获。

所以我想，如果各位小伙伴有能力找到自己热爱的事业，找到自己一辈子从事的事业，如果各位小伙伴都努力做好自己热爱的事业，如果各位小伙伴有毅力，能够坚持自己热爱的事业，有能力，有努力，有思维模式，就能变成乐观、坚强、有毅力的人，就能够取得自己想要的成功。

当我们在说心智模式，在说一个成功的人和那些不成功的人之间最大的差异时，我想，他有 3 个最基本的底层思维是不一样的。

第一，长期主义。那些真正成功的人，他们的 mindset 是长期主义，他们不会以短期目标作为衡量他们人生是否成功的标准，他们会把目标放到几十年后。当一个人用几十年之后的目标来衡量他当下成就的时候，他的当下其实才刚刚开始，他的当下才充满着无限的可能。他从当下往更远处看的时候，才会发现有无数的亮光。

不怕告诉大家，我今天取得了一些成就，我还在想 20 年、30 年之后，Larry 到底在什么地方？我也在找我的 20 年、30 年之后的生活。当然，对于我而言，我的 20 年、30 年之后相对是清晰的，甚至说它和我在 30 年前所设想的 20 年之后的未来大致是一致的，尽管没有那么精确。

第二，因果定律。“众生畏果，菩萨畏因。”我们每个人都想要一个好的结果，殊不知，这个好的结果是有因的。那我们怎样找到那个因，最终才能得到这个果呢？就是通过我们的因来找这个果。我们如何能够找到那个正确的因，最终才能通向我们的果呢？现实生活中，我们常常看见一些人去北京的雍和宫拜拜。从某种意义上讲，这种行为是可以理解的，年轻人有他们的信仰，他们在求什么？不管他们会得到什么样的智慧，其实拜拜这种行为都是让他们先忘掉暂时的果，而去找找其中的因，对吧？

第三，熵增定律。那些成功的人都懂得，万物都是会熵增的。如果不熵增怎么办？那就要多做自我批判，多做自我批评，多做自我反思。

新伙伴入职高途，我会给他们做一个“新伙伴应该具备的七大能力”的培训。

1. 专注的能力（目标）。专注的能力背后是你能清晰地知道自己的人生目标。比如，你加入高途的时候，你觉得自己这一辈子就是做教育了。这样的话，如果你这一辈子就做教育，那么你每天做事的时候就要思考，它与教育相关吗？它与我在教育上的精进相关吗？它与我在教育当中成就大家相关吗？如果思考的结果是不相关的，你就不应该做这些事。

2. 努力的能力（原则一）。

3. 高标准的能力（原则二）。

4. 乐观的能力（原则三）。

5. 自我批判的能力（原则四）。

如果我们每天都非常努力，每天都是高标准要求，每天都保持乐观，每天都能够从内因开始找自己，并通过自省和自我批判不断地自我刷新，那我们就能够变成更好的自己。

6. 初学者心态的能力（学习杠杆）。每天都在为自己能够如饥似渴地学习而找到一个学习的杠杆。

7. Engagement 度的能力（团队杠杆）。我们每天都能够和周围的人产生强大的 Engagement 度的能力。只要我们找到团队的杠杆，我们就能够取得更大的成功。

当我们有了某个目标之后，可就以把这个目标看作 1，然后乘我们的第二、第三、第四、第五点的能力，乘我们的初学者心态，再乘我们的团队，最后就成了我们人生当中的飞轮，慢慢地就能转起来了。这就是我们要强调的新伙伴应该具备的七大能力。

这七大能力的起点是你的专注能力。而专注能力的背后是你对人生目标的认知能力，或者说你的长期主义的建构能力。

我特别喜欢下面这段话，我在过往对很多人都说过这段话，在这里也分享给大家。

沃伦·巴菲特每年都会致信伯克希尔－哈撒韦公司的股东，这是他反思过去一年的一个机会。2023 年，他还对过去 58 年进行了回顾，力求用两个数字概括自己的职业生涯。第一个数字是伯克希尔－哈撒韦公司 58 年间的收益率：3787464%。第二个数字是不到 20 个顶级投资决定。与第一个数字相比，第二个数字非常小且不太精准，但同样令人惊讶。现年 92 岁的巴菲特写道："我们能取得满意的业绩，是因为做出了十几个真正正确的决策，也就是大约每五年一个。"但只有极少的决策产生了巨大的价值。可见，取得现象级成功并不需要每次决策都正确，但重要的决策必须极为正确。巴菲特自己说，他的大部分投资决策并不出色，但他平均每五年做出一个真正好的决策就足以让收益率达到令人满意的 3787464%。巴菲特写道：“随着时间的推移，我们只需成功几次就足以创造奇迹。当然，早点儿开始并顺利活到九十几岁也是有帮助的。”

这段话对我的触动特别大。巴菲特比我大了 40 岁，我在想，40 年之后的我在哪儿？我觉得他是我人生某个方面的一个可能的标杆，这是我对这段话理解的第一个维度。

第二个维度就是他在总结他 58 年的成绩的时候，用了两个数字。所以我在想，如果我有一天总结我过去的几十年，我会用哪两个数字？

第三个维度就是巴菲特说，他是大约每五年做一个正确的决策。你看，他过去的 58 年基本上在做投资这一件事，他大约每五年能投一家好公司。一个小伙伴告诉我，他父母都炒股，十几年间把家里的钱基本败光了。我说，他们是怎么炒股的？是不是每天换几只股票，突然听到一个好消息就开始炒，炒到最后那肯定就炒没了，对吧？巴菲特每年都在深思熟虑，大约每五年做一个决策，他把心思都放在观察、研究上，你比得上吗？你每天都在换股票，最后肯定是“死”掉的。

我和一个哈佛面试官聊天，我说，你在面试一个孩子的时候，最看中什么样的能力？面试官说他只看重一点，就是这个孩子有没有经历过失败，他是怎么面对失败的。

我刚才说的是处理失败的能力。你看，如果我们的身体是不错的，我们的智力也是不错的，但是当我们经历一次失败后，从某种意义上说被你的主管误会也是失败，我们的情绪就出现了问题。而那些真正厉害的人，他们面对失败的时候，情绪是相对稳定的，做出的反应也与别人不一样，最终取得的成功和成就也就会不一样。

李嘉诚虽然 90 多岁了，但他在亚洲一直非常有影响力。当今，很多年轻人或许对他不是很了解，但李嘉诚在我们那个年代非常有名。如今他依然活跃，还能被大家高度评价，这在整个亚洲都非常罕见。李嘉诚说，他有 8 个锦囊帮助他渡过了许多难关。

第一个锦囊——先处理心情，再处理事情。

第二个锦囊——最困难的时候，就是最接近成功的时候。

第三个锦囊——不为模糊不清的未来担忧，只为清清楚楚的现在努力。

第四个锦囊——宽容他人对你的冒犯。

第五个锦囊——不要无缘无故地妒忌。

第六个锦囊——只为成功找方法，不为失败找借口。

第七个锦囊——不要看我失去什么，只看我还拥有什么。

第八个锦囊——用最放松的心态对待一切困难。

你看，李嘉诚的这 8 个锦囊里都没说到钱吧？即没有说到所谓的财富、地位、权力，他说的其实都是心境、心态，以及所谓的情绪。

二、产品、伙伴和客户

我们的起点是从大家都能看到的，是以终为始来开始的。如果说我们找到一个未来的目标，找到我们人生的一个终点，毫无疑问，我们也要找到起点。如果起点在这儿的话，那么从这个A点到B点的过程中，会有3个与我们永远相关的主体：一个是产品，一个是伙伴，一个是客户。

我一直认为，从某个意义上说，人和人之间是交换的关系。以高途为例，比如我们第一个交换，就是大家到了高途后，把自己的时间交换出来，最终我们能够做出一款产品。如果我们是服务的话，那就是把服务变成产品，最终得到的也是产品。总之，我们把它叫产品，我们想通过把产品卖给我们的用户来换取金钱。系统来说就是，我们的小伙伴到了高途，把生命当中的一部分时间拿出来去制造产品，提供产品给客户，然后让客户付钱，最后我们拿到工资，得到成长、获取认知。我觉得这是第一个层面的交换。

分析我们的客户。从学生家长的角度来看，他们买靠谱的产品，需要拿钱来交换，实际上买的是各位小伙伴生命当中的一部分时间。系统地说，就是我们的客户拿着钱来市场购买好的产品或者好的服务，在教育的场景中，教育公司的老师把他们人生的一部分让出来，给了我们的学生和家长，这其实也是一个交换。

我们在公司上班，内部其实也存在着交换。比如高途产研的小伙伴们，他们拿出人生的一部分时间来生产产品，通过与顾问、教研或者二讲老师的生命中一部分的时间去合作，共同把产品交付好，共同把时间充实好。

我们在一家公司工作，从某种意义上说我们与公司之间就是交换的关系。我们每一个人都希望通过用我们的时间、精力进行交换，换来更多的东西。如果我们要的是更多的东西，那就意味着我们的单位时间得变得更加值钱。如果我们的单位时间变得更加值钱，那就意味着我们得找到让自己的单位时间更有效率、更加能够值钱背后的杠杆。所以我们经常看到这样的心灵鸡汤："时间就是金钱，效率就是生命。"

大家今天在这里听我的分享会，从某种意义上讲，你们让出了你们生命的一部分，我也让出了我的生命的一部分，我们在干吗？我们在这里想找到能够让我们的时间杠杆更长的一种方法，找到让我们有更高效率的一个方法，找到让我们的心情更加舒畅的路径和方法。通过这个路径和方法我们能够让自己的效率更高，让我们的生命更有价值，让我们的时间变得更加值钱。我觉得这大概就是我这次分享的本质。

伙伴们都想想，曾经的时间让我们成为现在的自己，而现在的自己在当下是没法直接改变的。因此，我们要记住的是，现在的时间能让我们成为未来的自己。有人会说，我想成为什么样的人。但我想说，未来的自己就在那儿，要看你能不能走去成为未来的自己，换句话说，你从这个 A 点能不能走到这个 B 点，解决这个问题的核心是你现在怎么开始。如果这是你人生的时间，你就要思考怎么去利用时间才能聚焦你这件事，从而最终能够无限地走近未来的你自己。过去的已经过去了，而当下正在发生，我们不妨利用当下，成为更好的自己。

毫无疑问，我们在一家公司工作的时候，经常得去和伙伴们协作。协作就是，我让出我生命的一部分时间给你，你让出你生命的一部分时间给我，你给我时间，我给你时间，我给你生命，你给我生命，然后我们这样融合融通，变得更加高效。当我们能够产生 1+1 远远大于 2 的效果时，最终这个组织就成立了。

你是不是发现，在一个组织当中，协作是非常难的事？

让我们看看团队协作的 5 大障碍：

第一大障碍叫缺乏信任。新伙伴加入一家公司后，信任这家公司实际上是需要时间的。一般来说，信任的构建需要 12 ～ 18 个月。如果一个人特别自信、特别聪明、特别有魅力、特别强大、特别有精神力量的话，他是敢于信任别人的。就像 Larry 作为 CEO，我无条件地信任各位伙伴一样，我觉得信任甚至可以是无条件的，也就是我相信我们能做好。即使我们没有做好，我们也能够不断迭代，最终把事情做好。

一线的小伙伴，你怎么能够用最快的时间调集你人生最大的能量，从而迅速产生信任，这是需要智慧的。当你对别人有信任的时候，化学反应就发生了；当你对别人没有信任的时候，到处都是卡点，到处都是断点，你会觉得寸步难行。所以，缺乏信任是团队协作的一个障碍。

第二大障碍叫惧怕冲突。有时候，我们会思考，我们表达的观点是否会伤害到某一个人？我们说真话会不会让主管不高兴了？有一天，我在电梯里碰到一个小伙伴，我问他一个问题，他就顺着我的意思说。我马上说，我看你是讨好型人格。紧接着我又问他是哪个部门的。身边有一个伙伴马上说，他是刚来的实习生。你看，这就是没有很好地构建信任，我一问他话他都不敢说真话，他觉得见了 Larry 就得说好话，这不是高途文化。高途文化是坦诚文化。

第三大障碍叫缺乏承诺。

第四大障碍叫逃避问责。

第五大障碍叫忽视成果。

在团队的协作当中，有这样 5 种负面消极的情况：

1. 怕被打击，相互戒备；

2. 虚假和谐，避重就轻；

3. 模棱两可，悬而不决；

4. 他人低绩效，假装看不见。换句话说，当那个人在亵渎他生命的一部分，他用他生命的一部分来偷你的生命，把你的效率拉低时，你还假装看不见，这等于在谋杀你，是很可怕的。

5. 乌合之众，各谋前程。这更加可怕了。

正确的做法是这 5 种：

1. 敢于暴露自己；

2. 敢于直面问题；

3. 敢于明确决断；

4. 敢于大胆指正；

5. 敢于大公无私。

高途都已经成立快 10 年了，很多小伙伴内心不爽的时候，不敢在组织内部表达，还得跑到外边找个论坛吐槽。第一，我觉得这是高途干部的耻辱。为什么伙伴吐槽时，我们的干部就不能帮助他们往上反映，解决问题呢？第二，我觉得其实那些小伙伴也蛮可怜的，他不敢说，当面不说，所以背后乱说，在公司内部不说，而拿到外部网站上去说，一方面伤害高途，另一方面又伤害他自己，这叫情绪黑洞啊！你们想象一下，如果一个人跑到外网怒气冲冲地写了几千字，这个人该有多痛苦啊！他的情绪黑洞该有多大啊！我都替这些伙伴感到可怜和担忧。但是，我觉得伙伴们是无辜的，谁更可怜？我们有些干部真的可怜，他们没有让我们的伙伴把心中的意见反映出来，把他们的情绪表达出来，我觉得这是团队协作出现问题了。

我们在工作当中要经常开会，会议很有可能是一个组织当中最大的浪费。一个低效率的会议，就是对一个人的生命的谋杀。如果一个会议效率低，没有体现出价值，那么开会干吗？我准备一次对公司全体伙伴的讲话，一般会准备几个月。上一次会议讲完，我就紧接着开始准备素材，收集资料。不怕小伙伴们笑话，我准备一次给咱们的讲话需要三四个月。你们可能会觉得，Larry 也蛮笨的，花三四个月准备一次讲话。当然，有时候我讲完之后总觉得很多地方还没有讲好，但我真的用心去想我怎样能面对伙伴们讲得好一点儿。坦率地说，现在我讲话讲得也不够好，因为我现在讲话动辄讲得太抽象了，让伙伴们听得云里雾里，不知道 Larry 在讲什么；动辄就是道、先胜等，伙伴们听不懂。但我一直在努力，一直在尝试用大家能听懂的语言来讲一下我这么多年对生命的认知和对生命的解读。我觉得，通过这样的方式跟员工沟通的 CEO 可能也不会太多。当然，我也在不断精进，希望能够把我的想法讲给大家，能够通过大家的反馈共同进步。

会议有 16 个效用：

1. 学习。

2. 培训。

3. 分享。

4. 备课内容。

把成功的案例做成你人生的一部分。比如，今天你们可以把我的内容作为你们备课的内容，也可以把我的内容作为你们给学生家长讲的内容。如果你们拿出上市公司 CEO 的格局、思想来和家长对话，家长就会对你赞不绝口，你也会提升思维高度。

5. 复盘。

6. 请教。

7. 素材。

8. 标杆。

9. 共识。

10. 信息差。

11. 变相的人生旅游。

12. 交友。

13. 差距。

如果你们参加一场会议，早点儿来跟到场的伙伴打个招呼，那么今天很多的优秀伙伴、标杆伙伴都能成为你的资源。然后你就可以在他们之间找找人生的差距，找找人生的策略，这也是人生最好的投资。其实，更重要的是在当下，我们要思考如何能够把自己做好。

14. 策略。

15. 投资。

16. 当下。

三、自己

说一千道一万，所有的话语绕到最后都是在说自己。最近，有伙伴问了我 3 个高频的问题。

第一个高频问题是，你每天工作那么长时间，不累吗？我的回答是：你认为我目前是在工作吗？如果我到了 50 多岁，我觉得自己还是在工作的话，我肯定会累的。我觉得，到了今天这个阶段我不是在工作，它就是我的生活，它就是我生活的一部分。就像是吃过晚饭，有大妈会跑到广场上跳广场舞一样，我给大家做分享，不也相当于一位大妈在跳广场舞吗？大妈跳广场舞时，心里高兴，周围有观众在看；我现在跳的也是“广场舞”，只不过我没有手舞足蹈真跳起来，我是在用语言来跳我的“广场舞”，这其实也是人生当中一种理想的状态。

第二个高频问题是，你在高途工作到底为了啥？我的回答是：我为了我自己。我不断强调，我在高途工作不是为了你们，首先是为我自己。我必须把我自己变成一个配得上别人的人，我才敢说我是为了别人。是的，我肯定也有一部分是为了别人，我用我的生命、我的时间来交换更好的东西，这毫无疑问。但是，我首先是为了我自己。如果我不能修身，那我怎么齐家？怎么管理公司？经过很多次的发问，我的答案都是为我自己。因为我为自己，为了变成最好的自己，我就得做自我检讨。

大家千万别说自己做一件事是为了别人，不妨说，你是为了一个你想成为的自己，为了一个更加有尊严的自己，为了一个能够让别人敬重羡慕的自己，为了一个有一天能够让你不后悔的自己，为了一个你时时刻刻能够感到骄傲的自己，为了一个有一天别人能够夸赞说“他好厉害”的那个自己，那个时候你就会知道自己应该做什么了。因为如果你想要一些东西，你就得不到另外的东西；如果你想拥有那些东西，你就必须放弃其他的东西。比如，我的手里如果要抓一把沙子，将沙子抓满手之后，那其他东西都抓不到了吧？但如果我现在手里什么都没有，我是不是可以随便抓了？我可以抓两边人的臂膀给自己拥抱，还可以比个心吧。

假如在 2003 年以财富、市值来衡量一个企业成功的话，当时排第一名的是 Microsoft，排第二名的是 GE，排第三名的是 Exxon Mobil，排第四名的是 Walmart……20 年过后，大家发现，排到第一名的是 Apple，排到第二名的是 Microsoft。20 年之后只有一家公司还排在前 10 名，并且成了第二名，其他的公司都与前 10 名没关系了，为什么？比如，今天你的身体相比周围的 10 个人来说很健康，排的是前两名或者前 10 名，那么 20 年之后，你的健康状况还是不是前 10 名？同理，你的能力在 20 年之后是不是还在前 10 名？你的情绪稳定程度是不是还排在前 10 名？你的精神喜乐值是不是前 10 名？或者说你的整体价值还是不是前 10 名？

我可以把我的人生经历作为例子分享给你们。假设你是来自偏远农村的孩子，小时候吃不饱肚子，经常吃野菜，肚子里会生虫子，读不起高中，选择上了师范学校，17 岁就开始工作。那么你们能想象得出，一个农村的孩子，今天能够站在这么多人面前发言？能够与伙伴们一起来影响和推动中国的教育？你们每个人为什么不能呢？答案是，你们每个人必须采取和我一样的底层思维模型。

第三个高频问题是，我好想成为你，成为 Larry。说真的，我不是已经把我所有的秘诀都告诉你们了吗？我们先看看哈佛的一个研究结果，人生的贫穷有 9 大原因：

1. 犹豫不决；

2. 拖延；

3. 三分钟热度；

4. 害怕被拒绝；

5. 自我设限；

6. 逃避现实；

7. 总找借口；

8. 恐惧；

9. 拒绝学习。

有不少人说，Larry，我想像你一样变得富有。我曾经很富有，现在也算富有。那么我们可以换个角度，把贫穷的九大原因倒过来，变成成功的 9 大秘诀：

1. 果敢；

2. 准时；

3. 永远爱他人；

4. 不怕被拒绝；

5. 人生不设限；

6. 面对现实；

7. 找方法；

8. 有勇气；

9. 学习。

我们都想变成更好的人，那怎样才能变成更好的人？这个问题的关键是，我们的人生起点在哪儿？在我们的自我认知中。你带着自我认知往前走，能够真正突破自己的熟悉圈，并通过你的熟悉圈到达你的恐惧圈。人生当中的差距是在恐惧圈中拉开的，对吧？

刚开始，父母给了我们最好的教育。之后，有的伙伴大学毕业到了高途，就走进了一个不熟悉的区域。这从某种意义上讲，不就是进入一个恐惧圈了吗？万一未来遇到了重大的外在变化，我们的恐惧圈就变大了。因此，恐惧圈才是人和人之间拉开差距的地方。如果你能走出恐惧圈，这时候你需要干吗？赶快学习啊，然后成长，最后慢慢就自在了。所以，真正的人生要到达自在的状态，其中的奥秘来自他的成长，成长来自学习，而学习来自我们不断从恐惧圈中走出来，不断离开舒适区，不断刷新自我认知，最后才能把自我认知变成一个更大的圈。这就是我们要做的事。

这是著名的达克效应认知曲线。横轴表示走向大师之路，纵轴表示自信程度。当我们不知道自己不知道的时候，是巨婴。当有一天突然发现世界远比想象的复杂，就崩溃了，陷入自信崩塌区，这就叫知道自己不知道，也就到达途中的相对底部了。我们经过慢慢学习后，知道自己还知道一些东西，借助自己知道的不断掌握自己还不知道的，慢慢积累知识和经验，人生不断开悟，就会继续往前走。突然有一天，我们会发现自己“从心所欲，不逾矩”，不知道自己知道，就到达了一个大师的境界，这个过程可以说是浑然天成了。可见，我们只有经历了低谷之后，才会慢慢变成一个真正的人，不断践行，变成行者，开启开悟之旅。

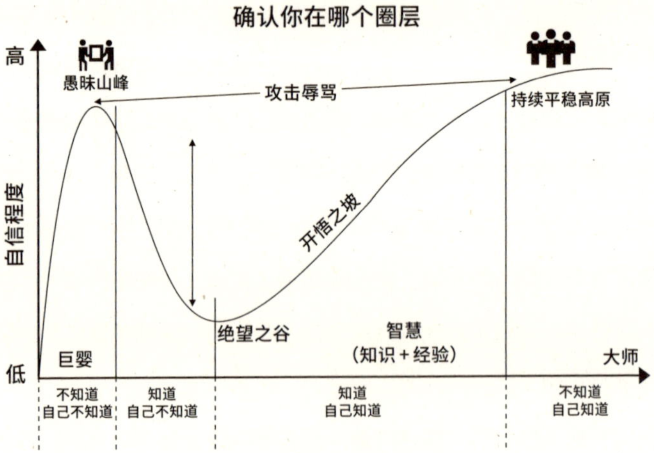

图 3　达克效应认知曲线

当我看到这张图的时候，觉得好美妙。我小时候在农村长大，也不懂事，14 岁以前特别贪玩，不怎么学习，我爹妈当时为我伤透了心，也操碎了心。我爹妈总说，我是家里挨打最多的孩子，太调皮了，当时什么都不懂，那叫巨婴状态。后来中考的时候，爹妈突然说，你不能考上高中，然后我就开始痛苦了，算是从愚昧山峰掉下来，到了绝望之谷。那时候我 14 岁，我对自己说，陈向东你不能这样，你应该成为最好的自己。所以，从

14 岁开始，每天早上起得最早的有我，每天晚上睡得最晚的有我，中午从来舍不得睡觉的有我。经过 3 年在师范学校的努力之后，我考到了师范学校的第一名，才有了后来的人生故事。直到今天，我都不敢偷懒，稍微有点儿偷懒的想法我就会自责，马上反省：陈向东，你怎么能这样？陈向东，你怎么会变成这样的人？陈向东，你的使命、愿景呢？后来，我翻阅我十六七岁时写的日记，发现我当时经常在日记中骂自己：陈向东，你是如此愚蠢，你怎么能这样？你忘掉你的梦想了吗？当时，日记本里有很多自己骂自己的话。

我觉得，自我批判好美妙啊！你们都想想，如果周围有人骂你，为什么你会敏感，你会痛苦，你会有情绪黑洞？但如果你天天自省，自我批判，并且乐于承认当下自己的不足，那不就能慢慢变成知道自己不知道的状态，从而走向开悟之旅，感受到人生美妙旅程了吗？但这太难做到了！如果你和别人一样，别人骂你，你也骂别人，别人打你，你也打别人，这或许也是一种人生状态，但对自己无益。

如果我们如芒格所说的“常进行逆向思考”，我们就知道什么地方容易生病，也就不到那个地方去；我们也会知道自己在什么地方会倒霉，也就避开那个地方。你看，正向思考的问题是，我怎样才能赚到更多的钱？我怎样能够像 Larry 一样富有？方法有一个，就是把 Larry 的钱都抢过来，这当然不行。我女儿以前说，爸爸，我觉得自己好幸运，出生在咱们家里，好像我都有钱了。我纠正她说，这钱不是你的钱。她现在还没有完全懂，不过慢慢还是懂一点儿了。

明白了正向思考，我们再看逆向思考。如果你思考到我怎么做就没钱了，那你就不会做一些事了。比如：我做了之后身体会垮掉，我思考完不会去做了；我做了之后情绪会发生波动，我思考完也不会去做了；我做了之后可能会导致我的情绪失控，要与人战斗，我思考后不会去做了；我做了之后可能会被淘汰，我思考后也不会去做。我觉得这种思考方式好美啊！你们可能都是好孩子，而我小时候刚好就是淘气的孩子，经常被爹妈打。后来顿悟了，我想，我做哪些事爹妈会打我？那么当我不做那些事时，爹妈是不是就不打我了？但是我悟到这点都十三四岁之后了，我太笨了！所以说我曾体会过足够的痛，就能足够地吸取教训。为什么今天我觉得时间特别宝贵？为什么我到任何地方去都会带一堆书？为什么一有时间我就去逛书店？为什么我经常找不同的人聊天，不断地自我反思和批判？所有一切的根源都在这儿。

人生的成长破圈模型就是这样一点点破的。你从得过且过到严重拖延，慢慢到主动探索，不断以终为始，最终自我接纳，就到了一个非常好的阶段。人生的状态往往从自负到怀疑，再到开放，最后到谦逊，从人生的愚昧山峰慢慢下来，然后不断地修炼开悟，最后到达人生的最好状态。这就是大家要做的。

我们真正聚焦在当下的时候，人生的功力就分成了 9 段。

1. 把一件事做好。很多人连把一件事做好的能力都没有，因为他不愿意做一件小事，总想着做大事。但是如果小事都做不好，怎么可能做成大事？因此，人生的第一阶段就是你能够把一件小事做好。

2. 把一天过好。把一天过好挺难的！那么如何把一天过好？我是每天晚上睡觉的时候，把你第二天要做的事写下来。比如 7 点起床，7 点半出发，直至晚上 12 点睡觉。写出第二天的计划并问自己，这是最好的我吗？这是我为了 10 年、20 年之后成为伟大的自己而必须做的计划吗？如果是，那么前一天晚上睡觉前把它写出来，第二天按照计划行动就行。第二天睡觉的时候再核对当天的计划，看看完成了哪些计划，假以时日，你会有所成就的。

有时候我问小伙伴，你今天几点起床的？起床后干什么了？把你一天的时间日程记录下来。一个一线伙伴真把他日程记下来给我看，当然，他也极度坦诚。我一看他的日程，说，你看你每天的有效工作时间只有 5 个小时，并且你已经在高途工作 2 年多了，从来没健身，没跑过步。你不觉得自己可怜吗？第一，你爹妈给了你这么一个好身体，你上大学还能跑跑步，到了高途之后从来不会早起，也从来不跑步，身体废了吧？第二，过去这两年，除了公司发给你的书，你再也没有买过其他的书，而且公司发的书你基本也没有读，你的智力水平也没提高吧？第三，每天晚上睡觉的时候开始说，天哪，这么痛苦，手机刷不完。第二大，领导布置的任务也完不成，认为领导天天对你们要求过高，非常痛苦。第四，慢慢地，你脸上写的都是悲观，一副愁眉苦脸的样子。我说，你才毕业两年怎么就成这样了？我专门找这些人来聊天，了解他们的内心想法。你说，你们刚毕业前 5 年，有人夸你长得好，但你的长相是爹妈给的，应该感谢爹妈，对吧？真有本事，如果等到 40 岁、50 岁别人还能夸你，夸你保持得很好，非常有魅力。听到这些话，你们感觉会怎么样？

3. 能够掌控两周内的固定日程。

4. 两周内的弹性事件也能处理好。

5. 管理 3 个月的项目。

6. 实现一年的梦想。如果真能把一年的梦想都实现的话，那么你这一年可厉害了，心想事成。咱们年初的时候都会许愿吧？一年结束时，你的愿望实现了吗？

《校外培训行政处罚暂行办法》已于 2023 年 10 月 15 日开始执行，它真正打击的是不规范的机构。对于高途这样的机构而言，其实是得到了很好的保护，政策能够助力我们提供更好的教育。

2023 年 10 月，我们在宁波开了战略会议，会议结束后，我觉得一道曙光来了。我们在开战略会议时算了算，未来的 3 ～ 5 年，如果我们做得好的话，公司保持 50% 甚至更高的增长率是完全有希望的。如果保持 50% 的增长率，3 年之后营收就突破百亿元了。是的，这个暑假我们是亏损的，第四季度有可能不赚钱，但是明年我们要慢慢地调整计划。我们的目标有 3 个：第一，让一线伙伴们的收入水平是行业的高位；第二，希望每个伙伴的工作效率，特别是职能和产研伙伴的工作效率有所提升；第三，保持住固定费用，这样，我们的收入增长带来规模扩大、效率提升的同时，不就有利润出现了吗？这样的话，如果上市公司体系重新回到百亿元营收的水平，我们再重新做到 15% 以上的利润率，高途很有可能就会重新回到百亿美元的市值。这也就意味着，高途的每股股票可能又回到 40 ～ 50 美元。这就是未来 3 ～ 5 年的事情。全中国在美国上市的公司就 100 多家，在上市的民营公司当中，高途是排在前面的。在未来的 5 ～ 10 年，中国的一些公司有 10% 左右的增长率其实是非常难的一件事。如果要找到一家公司，未来可能每年能增长 40% ～ 50%，也是很难找到的。

前段时间，我出差去了苏州，约了一些企业家来北京聊天，他们给我传递的信息全部是要继续降本增效。什么意思？不提升工资，同时还减员，老员工必须离开，慢慢减少成本。在我接触的企业家中，有 80% ～ 90% 的人觉得未来几年企业收入能增长 10% 已经不错了。我跟他们讲，高途未来几年希望能做到 50% 以上的连续增长，他们都很惊讶。是的，现在资本市场可能对高途也没有一个真正的认知，但我觉得没有关系。核心还是做自己。第一，如果你认为你的终局就在那儿，那我们就做教育。第二，如果你认为老百姓对教育的刚需就在那儿，那我们就做教育。第三，如果你认为我们提供最好的产品、最好的服务，不断优化的体验就在那儿，那我们就做好的产品、好的服务，不断优化体验。选择了要做的事情，就静待花开。做教育这件事其实是一个长期主义。

7. 知道这一辈子我要干啥。

8. 不断补充和释放自身能量。

9. 不断成长和精进。不断成长和精进为第九段。有伙伴说，Larry，现在我也是不断地成长，不断地精进啊。对的，其实一段就是九段，九段就是一段。

Larry 今天在干吗？我肯定知道我这辈子要干啥的，我肯定是到了第七段。补充和释放自身能量，我是能够着边的。不断成长和精进，我不敢讲，但我觉得我一直在成长和精进，只是怕不够快，不够好，走弯路了，这是我最大的担忧。毫无疑问，我需要从第一段开始把一件事做好，对吧？把教育这件事做好，和把我的每个日子过好是一样的，不断升级，最终我希望自己是在第七、八、九段，特别是希望在第八、九段当中度过我的人生。

所以，你看我在做什么功课？我和总监级别的干部聊天时说，我现在想的是，我怎么能做好一个公司的董事长？我怎么能做好董事长应该做的事？比如，董事长应该做的事就是思考面对未来 3 ～ 5 年的事。所以，我每天问自己，我现在做事消耗时间，是不是在为了公司未来 3 ～ 5 年之后的事投入时间，这大概是我对自己最大的警醒，也是我对自己批判时最大的一个着力点。

我从一个农村穷小子，到成为今天的 Larry，经过那么多的事，真的做到了“开心工作，幸福生活”。开心工作是一个过程，幸福生活是一个结果。开心工作是我的每个日子，幸福生活是最后的收获。开心工作是使我们的时间很好地度过，幸福生活是我们要赚钱。因此，通俗地讲，开心工作是指每天能把日子很好地度过，幸福生活就是我最终能够赚到稍微多一些的钱。

如果你能够让你打赢的胜仗，你得到的荣誉，你得到的奖金，你得到的位置，这些福分能够幸存下来，那么你的生活不就幸福了吗？比如，以前我是怎样得到第一名的？我是怎样得到奖励的？我是怎样打赢仗的？我是怎样得到荣誉的？我是怎样让别人对我有更多认可的？我能把背后的底层思维把握住，让我的荣誉能够永远幸存，我就能幸福生活。

我经常讲，人生如戏，人生就是一场游戏。我觉得，每一个人都希望自己玩的是无限游戏，即使我们有一天不在了，游戏还在继续进行。而游戏有两个特质：第一个是好玩，不好玩你就不玩了；第二个是得赢，老输钱你就不玩了。所以，如果说人生就是一场游戏，工作就是人生当中非常重要的一个组成部分，工作必须赢，工作也必须好玩。工作赢，就是打赢仗有结果；工作好玩，就是我们要真正创造一种愉悦的文化氛围，能够真正地让伙伴们打开心扉，开心工作。

以前我不理解，有的人怎么会那样，我现在理解了。人和人之间是不能强求的，那些让我无法理解的人其实不是高途需要的人，高途需要的是和我们目标一致的人，是愿意把青春燃烧在这个地方的人。如果这个地方是你的挚爱，毫无疑问，你需要将心注入，全力以赴。因为将心注入、全力以赴的本质是你让你生命的每一分钟都让人感动，你让你生命的每一分钟都更有价值，你让你生命的每一分钟都更加精彩。谁会浪费自己的人生？浪费时间就是浪费生命。为什么我现在觉得时间不够用，真的不敢浪费时间？就是因为我觉得生命短暂，我现在这个年龄，未来还有几十年的人生，每个日子多宝贵啊！

高途公司的哲学就是我的哲学——“开心工作，幸福生活”，我们的精神是“将心注入，全力以赴”，我们的宗旨是“以学习者为根，以好老师为本，改善永无止境”，我们的初心是“一群向往美好的伙伴，在一起，创造美好，成为美好”。起点是A向往美好，终点是B成为美好，过程是在一起创造美好。我们的经营目的是“全心追求全体伙伴的物质幸福和精神幸福，全力推动人类社会的教育发展和教育进步”。我们希望你就是你的事业，你的事业就是你，你需要融入一个组织。如果你选择了融入高途，那么你只有全心融入才能稳定地成长。

我为什么用几个月来准备与你们今天的对话？非常抱歉的是，我觉得今天还做不到通过和你们这样聊天对话，让你们每个人都能懂得我说什么，我还需要进行自我批判让我不断进步。但是，我想表达的是，作为一家好的公司，我们希望每个伙伴真的是开心工作的，工作真的是开心的，我们真的是能够打开你的内心的。

高途希望——

1. 我们这个组织能够有声音；

2. 我们的每一个小伙伴都能够在高途发声；

3. 我们的每一个小伙伴都敢于有声音；

4. 我们的每一个小伙伴都能做到有声音；

5. 我们的每个干部都能够听到声音；

6. 我们的每个干部都能够声声有回响，让每个声音都有反馈；

7. 我们的声音能处处有回音，到处都是回应；

8. 我们希望我们的每个声音背后的每个事都有着落；

9. 我们希望我们自然而然地有自然的好声音；

10. 我希望每个伙伴都能做到无拘、无束、无碍。

如果高途欺诈一线伙伴，贬低和 PUA 一线伙伴，用高压政策压制一线伙伴，或者企业文化只是谄媚、听话，那么我觉得应该把高途关掉。我们创建高途的目的不就是在更好的过程中完成人生更好的修炼吗？

说到“我们”的时候，我想，如果给“我们”定义 5 个关键词，它们应该是：

1. 彼此尊重，尤其是干部需要尊重一线的伙伴。

2. 我们是爱的。

3. 我们是善的。

4. 我们是感恩于彼此的。感恩我们的学生家长，感恩我们的父母，感恩我们的祖国，感恩我们这个伟大的时代。

5. 我们是慈悲的。

史蒂夫是我遇到的最专注的人。专注不是周一的时候觉得自己很渴望这件事情就专注在这件事情上了。专注是在每一分钟里都要问自己，为什么要专注这一点？这才是正在专注的事情。当你真正可以专注的时候，你就可以成就很多。因为担心做不到，史蒂夫常问的一件事是，你拒绝了多少事情？坦白说，我也会有所牺牲，因为我也想真诚一些。我说，我拒绝了这个，拒绝了那个……但他知道，我对这些事情本来就没什么兴趣。所以，我并没有真正地牺牲什么。专注意味着，要放弃那些尽管觉得非常精彩，但醒来后、认真思考后，还是会放弃的事情。因为你正专注在其他事情上。

我们每个人每天都面对很多的诱惑，每个日子里都有很多的诱惑，那我们怎样抗拒那些诱惑？那就要建立我们人生自己的止损清单，专注于我们的热爱，专注于我们的事业，专注于我们一生的追求。

很多个日子过去了，未来我们仍然会面临很多的困惑和诱惑。面对外界的压力，我们怎么能够解开困惑，拒绝诱惑？那就需要专注于我们的当下。

我一直信奉金字塔理论。领导者可以建立一个知识库。第一步，获得信息。如果你对掌握的信息有足够多的思考，那么信息就会变成你的财富。当信息转化成知识时，知识才是真正属于你的。第二步，如果你对自己的知识有足够多的思考，你才能获得洞察力。这是金字塔上更高的一层。领导者需要在不同领域建立这种金字塔，尤其是当今，光懂技术领域的风格与艺术是不够的，你还必须懂商业战略等领域的专业知识。你要达到金字塔的高度，你就要具备一定的专业知识，还要有远见，一个可以实现的远见。

我们都想有远见，都想能够站在未来、驾驭未来，而站在未来唯一的方法就是，一块砖一块砖地搬，一个知识一个知识地学习。大家不要着急，我已经学了这么多年，还在学习当中。

毫无疑问，我们已经进入由AI开启的新计算时代。目前的AI时代有几大特别之处：第一，AI能理解更多形式的信息，包括但不限于文本和数字，它现在可以理解多模态的信息。这就是为什么这场计算革命能够影响各个行业。第二，AI并不会在意你是如何编程的，它会试图理解你的意图，因为它拥有超强的大语言模型功能，所以编程门槛变得非常低。我们已经缩小了数字鸿沟。如今，人人都可以是程序员，你只要把自己的需求告诉AI就可以了。第三，AI不仅能够改变未来，它还能为之前的每一款应用注入新的活力。这也就是为什么AI能够与Windows中的各种应用，如浏览器、PowerPoint和Word相结合。同时，现有的每款应用也都会因AI而变得更好。AI不局限于这个时代，这个计算时代不需要新的应用，因为AI能够在旧应用的基础上取得成功。当然也会有新应用出现，AI的发展进化会非常快，因为它更方便大家使用。这也是AI会在真正意义上影响每一个行业的原因。

事实证明，创建英伟达比我想象的要困难一百万倍，比我们所有人想象的要困难一百万倍。在那个时候，如果我们意识到后来的痛苦煎熬以及脆弱无助，意识到你要承受的所有挑战、尴尬羞耻和出错的事情，我想，没有人会想去创办公司——头脑正常的人都不会这么做。但是这就是企业家的超能力。尽管他们不知道这有多难，但只会问自己：“这能有多难？”直到今天，我还在用这个诀窍欺骗自己的大脑——这能有多难。我仍然非常享受自己，而且在不断创造一些价值。因此，我觉得成为企业家的诀窍，是让自己相信事情并没有那么难，因为情况可能比你想象的要难得多。

只要你做到以下5点，几乎就会成功。获得幸福生活其实非常简单。

1. 不要过度消费，尤其是超出承受能力的消费。

2. 精明地投资。

3. 远离有毒的人和活动。

4. 保持终身学习、学习、学习。

5. 多做延迟满足的事情。因为这样你会享受你的生活。

如果你做到了这5点，几乎就会成功；如果你不这么做，你就需要非常好的运气了。

我的老搭档查理说过，只有3种东西会让聪明的人破产——酒精、女人和杠杆。很明显，他把前两个加进来只是为了装装睿智，他真正想说的只有杠杆。如果有人跟你说，他们东山再起、再度致富，我不会佩服他们，我会想第一份财富去哪儿了，这是不合理的。此外，借钱通过杠杆致富也是不合理的，除非你急着赚大钱，因为这会让你面临破产的危机，甚至给你的家庭带来莫大的压力。所以，我说不相信借钱炒股致富这件事。

快乐有3种：一种是 pleasure，叫欢乐；一种是 passion，叫热情；还有一种是 purpose，叫意义。其中，欢乐是最短暂的，热情次之，而最长久的是意义。我希望，每个人都能从自我的层面找到人生的意义，从我们自己开始，提供更好的产品，和我们的合作者一起，并时时刻刻能够与我们的客户在一起。最终，我们能够真正创造出我们自己认为长期的那些事情。让我们坚持长期主义，以终为始。

源自：陈向东在 2023 年 11 月 28 日高途集团全体伙伴会议讲话实录